饲料霉菌毒素脱霉剂产品有效性评价

◎ 王金全　著

中国农业科学技术出版社

图书在版编目（CIP）数据

饲料霉菌毒素脱霉剂产品有效性评价／王金全著．—北京：中国农业科学技术出版社，2020.12

ISBN 978-7-5116-4765-8

Ⅰ．①饲⋯　Ⅱ．①王⋯　Ⅲ．①饲料–真菌毒素–吸附剂–有效性–评价　Ⅳ．①S816.79

中国版本图书馆 CIP 数据核字（2020）第 251097 号

责任编辑	陶　莲
责任校对	马广洋

出 版 者	中国农业科学技术出版社
	北京市中关村南大街 12 号　邮编：100081
电　　话	（010）82106625（编辑室）　　（010）82109702（发行部）
	（010）82109709（读者服务部）
传　　真	（010）82106625
网　　址	http://www.castp.cn
经 销 者	各地新华书店
印 刷 者	北京建宏印刷有限公司
开　　本	710mm×1 000mm　1/16
印　　张	10
字　　数	180 千字
版　　次	2020 年 12 月第 1 版　2020 年 12 月第 1 次印刷
定　　价	120.00 元

◄━━◀█ 版权所有·翻印必究 █▶━━►

《饲料霉菌毒素脱霉剂产品有效性评价》
著者名单

主　　著　王金全

副 主 著　戴小枫　　王晓红　　王春阳　　李中嫒
　　　　　王雅晶　　陈鲜鑫　　王瑞国　　周岩华
　　　　　陶　慧　　李秀梅　　杨培龙　　刘　阳
　　　　　樊　露　　陈宝江　　吕宗浩　　常文环
　　　　　李信福　　赵　娜　　Rudolf Krska

参著人员（按姓氏笔画排序）
　　　　　王金勇　　安　纲　　乔增强　　刘庆生
　　　　　刘红兵　　刘　杰　　刘变芳　　刘魏魏
　　　　　关　舒　　孙育荣　　苏双平　　杨　凡
　　　　　杨新宇　　吴万灵　　吴峰洋　　张大伟
　　　　　张　旭　　张　军　　张俊楠　　陈红菊
　　　　　陈志敏　　陈冠雄　　周　旌　　郑云朵
　　　　　赵军旗　　赵　炜　　赵　鹏　　查满千
　　　　　闻治国　　徐淮南　　高博泉　　黄丽波
　　　　　董颖超　　韩小敏

资助项目及单位

1. "十三五"国家重点研发计划政府间国际科技新合作专项"中国—欧盟饲料霉菌毒素生物脱毒关键技术合作研究"（2016YFE0113300）

2. 中国—欧盟地平线项目 Horizon 2020 "Safe Food and Feed Through an Integrated Toolbox for Mycotoxin Management"（678012）

3. 农业农村部"农产品质量安全预警监测"子课题"饲料脱霉剂产品质量安全预警监测及产品有效性评价规程"

4. 国家留学基金委课题"DNA 指纹技术分离鉴定家禽肠道呕吐毒素（DON）降解微生物"

5. 北京市自然基金"产呕吐毒素降解酶菌株的筛选、产酶基因的克隆与表达的研究"

6. 中国农业科学院科技创新工程

7. 中国农业科学院饲料研究所基本科研业务费所及统筹项目"饲料玉米赤霉烯酮生物解毒酶和基因筛选"（161038202017017）

8. 中国农业科学院饲料研究所宠物营养与食品科学创新团队

前　言

根据联合国粮农组织资料显示，全球每年大约有25%的农作物受到霉菌毒素的污染，我国气候条件复杂多变，饲料霉菌毒素污染防控也面临着严峻的挑战。霉菌毒素污染对畜牧养殖业造成经济损失的同时，也通过食物链危及人类健康。

饲料中自然发生的低剂量霉菌毒素污染难以避免，导致动物疾病易感性增加，生产性能降低。霉菌毒素的防治方法主要有两种：一种是在饲喂动物前对饲料进行化学、物理或生物手段处理；另一种则是通过向饲料中添加特殊的物质，在动物消化道内以结合或者分解毒素的形式来降低动物消化道对毒素的吸收。前一种方法在实际生产中应用较少，后一种处理方式被认为是消除饲料中低剂量霉菌毒素污染对动物影响的最有效手段。目前，科学家们正在积极寻找新的方法，例如通过对蒙脱石或者沸石等矿物质原料改性来增加对毒素的吸附能力，或者通过筛选更高效解毒的微生物或分离纯化可降解毒素的酶等。

本书通过对霉菌毒素脱霉剂产品进行市场调研，对脱霉剂产品有效性进行体外评价和对体内的霉菌毒素及其代谢产物作为生物标记物进行检测，系统而全面地介绍了霉菌毒素脱霉剂产品有效性评价方法的研究过程。本书内容大部分来源于农业农村部《农产品质量安全预警监测》和科技部十三五《国家重点研发计划》等多个项目的最新研究数据和试验结果，确保了本书的原创性和可参考性，希望本书能够对提高饲料霉菌毒素的污染防控水平，保障畜牧养殖业和人类食品安全做出一些贡献。

在这里我要再次感谢所有著写人员的不辞辛苦和无私奉献，感谢他们在本书著写过程中提供的大力支持和热心帮助。

由于著写人员水平有限，难免会出现遗漏和不足之处，恳请专家和读者赐教指正。可通过 wangjinquan@ caas. cn 随时与我们联系。

著　者
2020 年 9 月

目　　录

第一章　饲料霉菌毒素脱霉剂产品有效性评价方法概述 ……………… （1）

第一节　霉菌毒素吸附剂体外评价方法原理与应用 …………… （2）

第二节　霉菌毒素吸附剂产品有效性体内评价方法原理与应用 …… （3）

第三节　霉菌毒素吸附剂人工胃肠液模拟评价方法的原理与应用 …… （3）

第二章　饲料霉菌毒素脱霉剂产品有效性体外评价方法研究 ………… （5）

第一节　现有试验方法的文献搜集与产品调研 ………………… （5）

第二节　体外评价方法研究成果应用试验 ……………………… （7）

第三节　脱霉剂产品有效性体外评价方法的建立 ……………… （21）

第三章　饲料霉菌毒素脱霉剂产品有效性评价人工胃肠液体外模拟

实验方法研究 ……………………………………………… （22）

第一节　研究概述 ……………………………………………… （22）

第二节　多种霉菌毒素同步测定方法的建立与考察 …………… （23）

第三节　人工胃肠液体外模拟法评价霉菌毒素吸附剂对 3 种霉菌毒

素吸附率的试验 …………………………………………… （29）

第四章　饲料霉菌毒素脱霉剂产品有效性动物试验评价方法研究 …… （36）

第一节　不同吸附剂对饲喂黄曲霉毒素污染饲料肉鸭试验研究 …… （36）

第二节　不同脱霉剂对饲喂呕吐毒素污染饲料生长肥育猪试验研究

（北方猪场） ……………………………………………… （43）

第三节　不同吸附剂对饲喂呕吐毒素污染饲料保育猪试验研究

（南方猪场） ……………………………………………… （46）

第四节　不同吸附剂对饲喂玉米赤霉烯酮污染饲料母猪试验研究 …… （53）

第五节　一株枯草芽孢杆菌对饲喂玉米赤霉烯酮污染日粮后备母猪

的脱毒效果研究 …………………………………………… （61）

第六节 一株梭状芽孢杆菌对饲喂呕吐毒素污染日粮生长猪的
解毒效果研究 ……………………………………………… （74）

第七节 不同吸附剂对饲喂黄曲霉毒素污染日粮奶牛的试验研究 … （95）

**第五章 饲料霉菌毒素脱霉剂中重金属、二噁英及类似物监测工作
总结** ……………………………………………………… （99）

第一节 监测背景和意义 …………………………………………… （99）

第二节 样品采集与监测结果 ……………………………………… （99）

第三节 检测结果分析 ……………………………………………… （100）

第四节 结 论 ……………………………………………………… （108）

第五节 建 议 ……………………………………………………… （109）

第六章 饲料霉菌毒素脱霉剂对饲料中营养物质吸附的研究 ……… （110）

**第七章 "饲料霉菌毒素脱霉剂有效性评价方法"课题结论和
建议** ……………………………………………………… （113）

第一节 体外方法评价体系 ………………………………………… （113）

第二节 动物试验方法（基于动物体内生物标记物的评价
方法） …………………………………………………… （113）

第三节 体外吸附效率检测方案 …………………………………… （114）

本项目成果列表 …………………………………………………… （125）

附录1 国内外饲料霉菌毒素脱霉剂产品评价管理调研报告 ……… （127）

附录2 59款饲料脱霉剂产品中铅、砷、镉、铬检测结果 ………… （134）

附录3 缓冲溶液体系同体外模拟和动物试验比较 ………………… （137）

主要参考文献 ……………………………………………………… （142）

第一章 饲料霉菌毒素脱霉剂产品
有效性评价方法概述

霉菌毒素（Mycotoxins）是由霉菌产生的次级代谢产物，一旦被动物采食会产生一系列毒性效应（Jard et al.，2011）。植物污染霉菌毒素有两条途径，一种是在田间生长期间，一种是在收获后储存期间（Glenn，2007）。霉菌毒素对动物的危害取决于霉菌毒素的种类、浓度、暴露时间，以及动物的品种、年龄、性别和所处的应激状况（Csat，2003）。即使采取了良好的管理措施，依然难以避免饲料中自然发生的低剂量霉菌毒素污染，其结果会增加动物疾病的易感性，降低生产性能。霉菌毒素脱霉剂有着 20 多年的研究历史，被认为是消除饲料中低剂量霉菌毒素污染对动物影响的最有效手段（Galvano et al.，2001），其功效已经被大量体内试验所证实。饲料中霉菌毒素的防治方法可以分为两种：一种是在饲喂动物前对饲料进行化学、物理或生物手段的处理；另一种则是通过向饲料中添加特殊的物质而在动物消化道内发挥作用，以结合或分解毒素，降低动物消化道对毒素的吸收。前一种方法一般耗时费力，费用较高，并且会降低饲料的营养价值，实际生产中较少应用。后一种处理方式主要是向饲料中添加吸附剂或对某些毒素有分解作用的微生物或酶，此法已在当前饲料生产中得到了广泛应用。

脱霉剂产品中应用最广泛的是霉菌毒素吸附剂，因此本书主要针对吸附剂类产品进行测评，除非特殊说明，书中脱霉剂和吸附剂的含义相同，吸附材料必须是动物消化道不能吸收的物质，其作用机制是在动物消化道中与霉菌毒素牢固结合，减少动物肠道对霉菌毒素的吸收，从而达到降低霉菌毒素对动物的毒害作用。这一作用机制可以形象地理解为一种预防措施，而非治疗作用（Whitlow，2006）。这类物质主要包括活性炭（Activated carbons）、铝硅酸盐类（Aluminosilicate，黏土 Clay、斑脱土 Bentonite、蒙脱石 Montmorillonite、沸石 Zeolite、页硅酸盐 Phyllosilicates）、复合碳水化合物（Complex carbohydrates，如纤维素 Cellulose、酵母或细菌细胞壁多糖 Polysaccharides in the cell walls of yeast and bacteria、葡甘露聚糖 Glucomannans、肽葡聚糖 Peptidoglycans）和无机合成高分子材料（Inorganic synthetic polymers）等。饲料中添加霉菌毒素吸附剂的主要目的在于降低受到低剂量霉菌毒素污染的饲料的危害，保护动物免于低剂量霉菌毒素暴露导致的各种慢性疾病和生产性能下降。目前，美国食品药品管理局（FDA）尚未批准任何一种吸附剂产品用于防治霉菌毒素中毒症，但是批准了一些经评估证实安全的吸附剂类物质用于饲料中作为防结块剂和颗粒黏合剂使用（Whitlow，2006）。欧盟将霉菌毒素吸附剂（Substances for the reduction of contamination of feed by mycotoxins，SRMC）列入技术性饲料添加剂目录。

霉菌毒素吸附剂的吸附性能评价主要分为体外方法和体内方法两种。体外方法一般是以缓冲液为介质，测定吸附剂对某种霉菌毒素的吸附能力，这种方法在吸附剂初步评价和吸附潜力筛选方面得到广泛应用，能够得到吸附剂与特定霉菌毒素之间的亲和力和吸附能力的基础数据。但是，目前国际上无通用的关于脱霉剂体外评价的标准，不同实验室之间的数据不具备可比性。并且，体外方法评价结果有时并不能与体内方法的评价结果很好吻合。因此，不能简单地把体外试验结果等同于在动物体内实际的作用效果（Ledoux et al.，2000；Solfrizzo et al.，2001；Visconti，1998）。尽管如此，霉菌毒素吸附剂的体外评价方法依然是一种筛选潜在的霉菌毒素吸附剂的有力工具。如果一种吸附剂不能在体外结合一种霉菌毒素，那么它在动物体内就很少或没有结合霉菌毒素的可能。体外评价方法有助于鉴定潜在的霉菌毒素吸附剂，也有助于吸附剂作用条件和作用机制的研究。

第一节　霉菌毒素吸附剂体外评价方法原理与应用

最简单和使用最广泛的体外评价方法是测定吸附剂在水介质缓冲液中对霉菌毒素的吸附作用。在这一系统中，一种已知数量的霉菌毒素和一种已知数量的吸附剂在水溶液中发生反应，然后测定分离后液体中剩余毒素的量和被吸附剂吸附的毒素的量。由于很多霉菌毒素在水中的溶解度较低，因此这些测定一般在较低的霉菌毒素浓度下进行。这些方法简单易行，已广泛用来评估霉菌毒素吸附剂，同时也是一些商业产品声称有效的依据。更精密的用于评价霉菌毒素吸附剂的体外系统基于一个"两步"步骤。霉菌毒素-吸附剂复合物的吸附强度测定首先是测定被吸附的霉菌毒素的量，然后测定在第二个溶解系统中霉菌毒素从霉菌毒素-吸附剂复合物中析出的量，通过比较开始时的吸附作用（弱结合）和随后的解吸附之后的吸附作用（强结合）来评估吸附效果。这些测定方法在证明一种特定霉菌毒素吸附剂是否有效时是有用的，但是在比较几种不同类型的化学物吸附剂时，效果不好。此外，这些测定方法几乎没有提供一种特定化合物在实际情况下的使用信息。欧盟规定了 SRMC 体内评价方法的原则，但认为体外方法仅能作为测定吸附剂性能的一种筛选方法，无法准确反映在不同动物体内应用的实际效果。因此，不予认可体外方法的有效性。

第二节　霉菌毒素吸附剂产品有效性体内评价方法原理与应用

非常重要的一点是，一种霉菌毒素吸附剂产品的任何体外试验结果都应该在体内试验中得到证实，体内试验要采用这种产品针对的畜种和实际生产中常见霉菌毒素污染的水平。体内方法通常采用动物生产性能或生物标记物（如毒素在组织中的残留量、生化指标改变等）来评价吸附剂的效果。体内方法只能通过这些间接指标来反映吸附效果，但是很多因素和试验条件都可影响最终结果。而且，需要设置吸附剂不同的添加比例、选用不同种类的霉菌毒素，还要考虑动物种类、年龄、性别，以及不同的环境条件。然而，要保证不同实验室间数据的可比性，就必须采用标准化的方法。即使采用相同的评价方法，也会因产品批次间的差异而导致不同的结果（Whitlow，2006）。

第三节　霉菌毒素吸附剂人工胃肠液模拟评价方法的原理与应用

还有一些研究采用人工胃肠道的方法，这种方法介于体外与体内方法之间，通过一套复杂的装置模拟动物消化道对食物的消化过程，并用透析膜模拟肠壁吸收细胞，以游离到透析膜外的毒素的量代表动物的吸收量，从而评价吸附剂对特定毒素的吸附能力（Minekus et al.，1995；Avantaggiato et al.，2003；Avantaggiato et al.，2004）。但是，这种方法需要专用的装置，操作比较复杂，测定误差较大，也不能完全替代体内试验。此外，也有采用人工胃液和人工小肠液直接替代缓冲液体系进行脱霉剂体外评价（李娟娟等，2009），这种方式仅仅相当于向评价体系中引入了动物消化酶，并没有考虑到其他更为复杂的胃肠道环境。

第二章　饲料霉菌毒素脱霉剂产品有效性体外评价方法研究

第一节　现有试验方法的文献搜集与产品调研

由于市场上的脱霉剂产品大部分是吸附剂，因此本书主要搜集霉菌毒素吸附剂体外试验资料国内外相关学术文献 40 余篇，国外文献约占 65%。考察企业的脱霉剂产品评价情况，调查企业 17 家，含国外企业（包括代理国外产品的企业）8 家。

通过整理文献资料和企业自检材料，我们对霉菌毒素脱霉剂体外评价试验方法做一简单归纳。

一、吸附剂体外试验评价基本方法

称取一定量霉菌毒素吸附剂样品于离心管中，加入一定体积、pH 值一定的霉菌毒素工作液，体系中霉菌毒素吸附剂的添加量一定。空白对照为不添加任何霉菌毒素的、pH 值同上的缓冲溶液。将离心管放在一定温度的恒温水浴振荡器上，振荡一定时间。反应结束后离心取上清液，测定上清液中霉菌毒素含量。步骤如图 2-1 所示。

二、评价方法中的主要参数

（一）评价体系所用缓冲溶液 pH 值

通过整理国内外文献和相关企业试验方法，得知大多企业公认的反应体

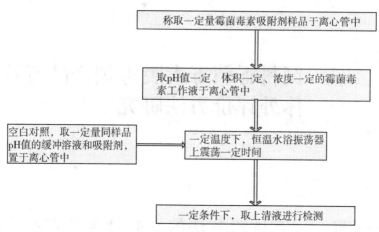

图 2-1 霉菌毒素脱霉剂体外实验评价步骤

系 pH 值为动物胃液 pH 值 3.0 和动物肠道 pH 值 6.5，能够相对客观地评价吸附剂的吸附效果。

（二）评价体系水浴温度

动物体温是确定评价体系的根据。目前企业自检试验公认反应体系的温度为 37℃，基本没有争议。

（三）评价体系处理时间

考察吸附剂吸附毒素速率的关键是处理时间。处理时间应考虑到霉菌毒素要位于主要靶器官处，在该时间段内毒素的吸附率。一些专家提出处理时间尽可能短；若吸附剂在体内要长时间才能吸附霉菌毒素，可能霉菌毒素没被吸附，就先被动物体吸收了。因此我们做了吸附剂不同时间吸附黄曲霉毒素的比较试验。

（四）评价体系霉菌毒素浓度

霉菌毒素浓度是能够合理反映霉菌毒素吸附剂吸附效果的决定性因素，如果浓度过大，最终吸附率就会小，不能反映实际情况；如果浓度过小，最终吸附率过高，也不能反映真实情况。文献中霉菌毒素浓度的选择存在差异最大。尤其是霉菌毒素种类不同时，差异更大。我们依据以前试验的经验、目前污染的情况，以及毒素是否容易被吸附的原则确定每种毒素的浓度。

（五）评价体系中吸附剂用量和缓冲溶液的固液比

评价体系中吸附剂用量很关键，吸附剂量多造成浪费，且可能对饲料中的营养成分有吸附作用，比如维生素；但是，吸附剂量少也可能达不到最好的吸附效果。通过整理国内外相关检测实验室资料了解到，大多数是按照产品的推荐添加量来决定评价体系的添加量，也有一些评价实验室是既定的。

第二节　体外评价方法研究成果应用试验

一、评比脱霉剂原料和产品吸附毒素的能力

（一）评比脱霉剂原料和产品吸附黄曲霉毒素的能力

脱霉剂原料和产品吸附黄曲霉毒素能力的初筛实验结果如图2-2和表2-1所示，评价样品中1#~7#是蒙脱石类原料，8#~11#是酵母细胞壁类原料，12#~18#是市售产品。从表2-1结果可见，蒙脱石类原料对黄曲霉毒素的吸附能力在pH值3.0的缓冲液中，吸附率都在95%以上；而在pH值6.5的缓冲液中，吸附率均出现了下降。酵母细胞壁类原料对黄曲霉毒素的吸附能力在pH值3.0的缓冲液中，吸附率7%~26%；而在pH值6.5的缓冲液中，吸附率8%~21%。市售产品在pH值3.0的缓冲液中，吸附率基本在100%；而在pH值6.5的缓冲液中，吸附率下降到85%。可以得出，市售的脱霉剂类产品，或是单纯饲用蒙脱石对黄曲霉毒素的吸附能力都很强，基本能达到吸附脱毒的作用。

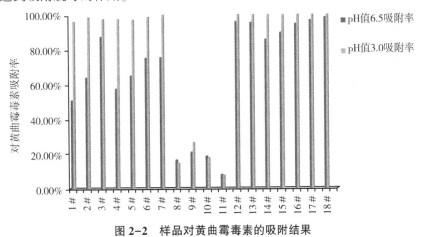

图2-2　样品对黄曲霉毒素的吸附结果

表 2-1　样品对黄曲霉毒素的吸附结果

编号	pH 值 6.5 吸附率	pH 值 3.0 吸附率
1#	50.90%	96.31%
2#	64.02%	98.78%
3#	87.53%	97.62%
4#	57.50%	97.58%
5#	65.04%	97.30%
6#	75.28%	98.86%
7#	75.62%	100.00%
8#	16.40%	14.42%
9#	20.88%	26.49%
10#	18.51%	17.50%
11#	8.00%	7.55%
12#	96.15%	100.00%
13#	95.62%	100.00%
14#	85.82%	100.00%
15#	89.82%	100.00%
16#	94.92%	100.00%
17#	96.91%	100.00%
18#	98.58%	100.00%

注：产品名称用编号代替，下同

（二）评比脱霉剂原料和产品吸附玉米赤霉烯酮的能力

脱霉剂原料和产品吸附玉米赤霉烯酮能力的初筛试验结果如图 2-3 和表 2-2 所示。评价样品中 1#~4#是蒙脱石类原料，5#~8#是酵母细胞壁类原料，9#~16# 是市售产品。由表 2-2 可知，蒙脱石类原料对玉米赤霉烯酮的吸附能力在 pH 值 3.0 的缓冲液中，吸附率 15%~45%；而在 pH 值 6.5 的缓冲液中，吸附率 35%~65%。酵母细胞壁类原料对玉米赤霉烯酮的吸附能力在 pH 值 3.0 的缓冲液中，吸附率 30%~70%；而在 pH 值 6.5 的缓冲液中，吸附率 35%~55%。市售产品在 pH 值 3.0 的缓冲液中，吸附率基本在 20%~40%；而在 pH 值 6.5 的缓冲液中，吸附率 30%~65%。

可以看出，市售的脱霉剂类产品、单纯饲用蒙脱石或酵母细胞壁类原料对玉米赤霉烯酮的吸附能力参差不齐，基本吸附能力为 30%~70%。

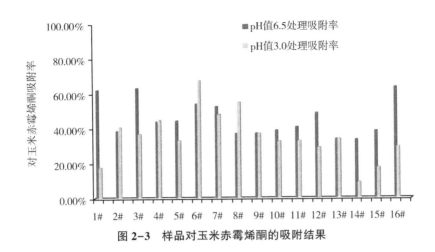

图2-3 样品对玉米赤霉烯酮的吸附结果

表2-2 样品对玉米赤霉烯酮的吸附结果

编号	pH 值 6.5 处理吸附率	pH 值 3.0 处理吸附率
1#	62.20%	17.79%
2#	38.65%	40.63%
3#	63.24%	36.90%
4#	44.08%	44.78%
5#	44.42%	33.11%
6#	54.07%	67.55%
7#	52.57%	48.06%
8#	37.08%	54.93%
9#	37.31%	37.12%
10#	39.02%	32.65%
11#	40.90%	32.89%
12#	48.88%	29.14%
13#	33.98%	34.05%
14#	33.54%	9.14%
15#	38.49%	17.50%
16#	63.70%	29.56%

（三）评比脱霉剂原料和产品吸附呕吐毒素的能力

脱霉剂原料和产品吸附呕吐毒素能力的初筛实验结果如图2-4和表2-3所示。评价样品中 1#~5#是蒙脱石类原料，6#~9#是酵母细胞壁类原料，10#~17#是市售产品。从表2-3结果可见，蒙脱石类原料对呕吐毒素的吸附能力在 pH 值3.0时，都低于15%；而在 pH 值6.5时，吸附能力很低，只有一个样品达到了80%，但从整体情况看，只能算个例。酵母细胞壁类原料对呕吐毒素的吸附能力在 pH 值 3.0 时，低于 20%；而在 pH 值 6.5 时，吸附率低于 15%；市售产品在 pH 值 3.0 和 pH 值 6.5 时，对呕吐毒素基本没有吸附能力。可以得出，市售的脱霉剂类产品、单纯饲用蒙脱石、酵母细胞壁类样品基本不能对呕吐毒素产生有效的脱毒作用。

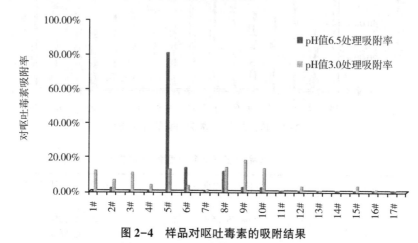

图 2-4 样品对呕吐毒素的吸附结果

表 2-3 样品对呕吐毒素的吸附结果

编号	pH 值 6.5 处理吸附率	pH 值 3.0 处理吸附率
1#	0.04%	12.01%
2#	2.07%	6.71%
3#	0.08%	10.92%
4#	0.00%	3.91%
5#	80.48%	12.90%
6#	13.81%	3.44%
7#	0.00%	1.00%
8#	11.85%	14.02%
9#	2.53%	18.34%
10#	2.45%	13.48%
11#	0.01%	0.00%
12#	0.06%	2.90%
13#	0.02%	0.45%
14#	0.00%	0.00%
15#	0.25%	3.20%
16#	0.56%	1.03%
17#	0.54%	0.00%

二、脱霉剂原料吸附霉菌毒素的吸附和解析情况

(一) 脱霉剂原料对黄曲霉毒素的吸附和解析

蒙脱石类原料在 pH 值 3.0 条件下，对黄曲霉毒素的吸附率均达到 96% 以上；pH 值 6.5 解析之后的吸附率也均在 95% 以上。解析率为 0.17%~1.13%。

酵母细胞壁类原料在 pH 值 3.0 条件下，对黄曲霉毒素的吸附率 7.55%~26.49%，在 pH 值 6.5 条件下解析后的吸附率 0.00%~10.44%，解析率在 1.49%~17.1%，解析率较大。

随机抽测的一种市售产品吸附率为 59.08%，解析率为 1.49%。

检测样品中有 55% 为蒙脱石样品，36% 为酵母细胞壁类产品，其余为市售商品吸附剂。

总体情况，在 pH 值 3.0 条件下，蒙脱石类原料对黄曲霉毒素的吸附率能达到 95% 以上，且解析率低于 1.5%。酵母细胞壁类原料对黄曲霉毒素的吸附情况因酵母细胞壁的种类不同而吸附差异较大，吸附率基本在 30% 以下，且解析率较大。因为市售产品是随机抽取且样品量少，暂不做具体分析，只作为参考（图 2-5，表 2-4）。

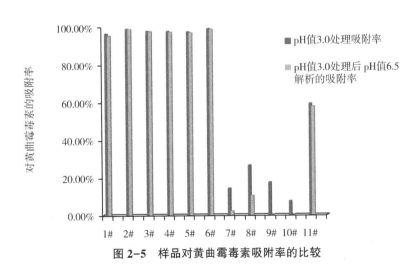

图 2-5　样品对黄曲霉毒素吸附率的比较

表 2-4　样品对黄曲霉毒素的吸附解析结果

编号	pH 值 3.0 吸附率	pH 值 3.0 处理后 pH 值 6.5 解析的吸附率	解析率
1#	96.31%	95.18%	1.13%
2#	98.78%	98.60%	0.18%
3#	97.62%	97.45%	0.17%
4#	97.58%	97.07%	0.51%
5#	97.30%	96.68%	0.62%
6#	98.86%	98.51%	0.35%
7#	14.42%	2.27%	12.15%
8#	26.49%	10.44%	16.05%
9#	17.50%	0.40%	17.10%
10#	7.55%	0.00%	7.55%
11#	59.08%	57.59%	1.49%

（二）脱霉剂原料对玉米赤霉烯酮的吸附和解析

蒙脱石类原料在 pH 值 3.0 条件下，对玉米赤霉烯酮的吸附率为 17.79%～44.78%；再在 pH 值 6.5 条件下解析后的吸附率在 8.86%～36.94%；解析率为 7.8%～10.76%。

酵母细胞壁类原料在 pH 值 3.0 条件下，对玉米赤霉烯酮的吸附率在 33.11%～67.55%；在 pH 值 6.5 解析后的吸附率为 0.46%～35.39%；解析率为 26.09%～39.06%。

随机抽测的一种市售产品在 pH 值 3.0 条件下，对玉米赤霉烯酮的吸附率为 37.12%，解析后吸附率仅为 1.07%。

检测样品中有 45% 为蒙脱石样品，45% 为酵母细胞壁类产品，其余为市售商品吸附剂。

总体情况，在 pH 值 3.0 条件下，蒙脱石类原料对玉米赤霉烯酮的吸附情况因蒙脱石种类不同，吸附能力不同，吸附率基本低于 50%，而在 pH 值 6.5 时解析率为 10% 左右。酵母细胞壁类原料对玉米赤霉烯酮的吸附情况，因酵母细胞壁种类不同，吸附能力不同，且吸附率较低，基本在 30%～70%，

pH 值在 6.5 时解析率较大；因市售产品是随机抽取且样品量少，这里暂不做具体分析，只作为参考（图 2-6，表 2-5）。

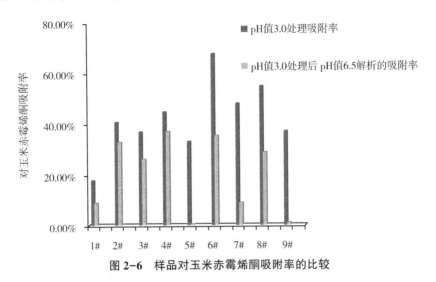

图 2-6 样品对玉米赤霉烯酮吸附率的比较

表 2-5 样品对玉米赤霉烯酮的吸附解析结果

编号	pH 值 3.0 处理吸附率	pH 值 3.0 处理后 pH 值 6.5 解析的吸附率	解析率
1#	17.79%	8.86%	8.93%
2#	40.63%	32.83%	7.80%
3#	36.90%	26.14%	10.76%
4#	44.78%	36.94%	7.84%
5#	33.11%	0.46%	32.65%
6#	67.55%	35.39%	32.16%
7#	48.06%	9.00%	39.06%
8#	54.93%	28.84%	26.09%
9#	37.12%	1.07%	36.05%

（三）脱霉剂原料对呕吐毒素的吸附和解析

蒙脱石类原料在 pH 值 3.0 条件下，对呕吐毒素的吸附率为 3.91%～

12.97%；pH 值 6.5，解析后的吸附率为 0.71%～12.97%；解析率为 0.00%～5.75%。

酵母细胞壁类原料 pH 值 3.0 条件下，对呕吐毒素的吸附率在 1%～18.34%；pH 值 6.5，解析后的吸附率为 0.00%～13.36%；解析率为 1%～4.98%。

随机抽测的一种市售产品，在 pH 值 3.0 条件下，对呕吐毒素的吸附率为 13.48%，解析后吸附率仅为 1.09%。

检测样品中有 50% 为蒙脱石样品，40% 为酵母细胞壁类产品，其余为市售商品吸附剂。

总体情况，在 pH 值 3.0 条件下，蒙脱石类原料对呕吐毒素的吸附率基本在 15% 以下，且解析率相对吸附率来说也较高；酵母细胞壁类原料对呕吐毒素的吸附率较低，基本在 20% 以下，且解析率也较高。因为市售产品是随机抽取且样品量少，暂不做具体分析，只作为参考（图 2-7，表 2-6）。

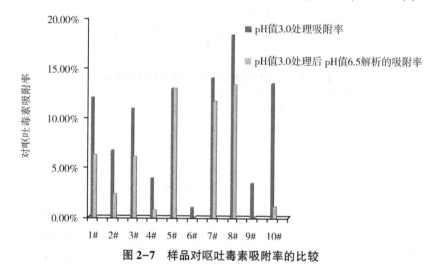

图 2-7　样品对呕吐毒素吸附率的比较

表 2-6　样品对呕吐毒素的吸附解析结果

编号	pH 值 3.0 处理吸附率	pH 值 3.0 处理后 pH 值 6.5 解析的吸附率	解析率
1#	12.01%	6.26%	5.75%
2#	6.71%	2.32%	4.39%
3#	10.92%	6.09%	4.83%

（续表）

编号	pH 值 3.0 处理吸附率	pH 值 3.0 处理后 pH 值 6.5 解析的吸附率	解析率
4#	3.91%	0.71%	3.20%
5#	12.97%	12.97%	0.00%
6#	1.00%	0.00%	1.00%
7#	14.02%	11.69%	2.33%
8#	18.34%	13.36%	4.98%
9#	3.44%	0.00%	3.44%
10#	13.48%	1.09%	12.39%

　　总体来说吸附剂原料蒙脱石类和酵母细胞壁类对呕吐毒素的吸附率均较低，且解析率也较高。因此，在做吸附剂吸附呕吐毒素体外评价试验时，建议跟踪做解析试验。

三、不同处理时间对黄曲霉毒素吸附率的比较试验

　　样品中，1#~6#为复合型脱霉剂产品，7#~13#为单纯蒙脱石类脱霉剂产品。

　　比较上述脱霉剂类产品处理 1h 和处理 2h 时，对黄曲霉毒素的吸附率。1#产品 2h 吸附率比 1h 的高 7.2%，2#产品 2h 吸附率比 1h 的高 20.8%，3#产品 2h 吸附率比 1h 的高 18.1%，4#产品 2h 吸附率比 1h 的高 20.6%，5#产品 2h 吸附率比 1h 的高 0.3%，6#产品 2h 吸附率比 1h 的高 12.2%，7#产品 1h 吸附率比 2h 的高 0.5%，8#产品 1h 吸附率比 2h 的高 0.26%，9#产品 2h 吸附率比 1h 的高 8.3%，10#产品 2h 吸附率比 1h 的高 2.0%，11#产品 2h 吸附率比 1h 的高 0.4%，13#产品 1h 吸附率比 2h 的高 0.9%。

　　复合型脱霉剂产品处理 1h 和处理 2h 的吸附率差距较大，但也有一些产品两个处理时间的吸附率基本相一致，如 5#产品。单纯蒙脱石类脱霉剂产品处理 1h 和处理 2h 的吸附率差距较小。同时，做过夜处理，脱霉剂吸附黄曲霉毒素的吸附率都很高，基本都在 95%以上。说明随着时间的增加，吸附黄曲霉毒素的吸附率基本是增加的。但是，脱霉剂产品随着饲料一起饲喂，毒素在胃肠道停留的时间太长，还未被吸附，就先被吸收。所以短时吸附率高的产品是评价吸附剂吸附能力的一个重要标准（图 2-8，表 2-7）。

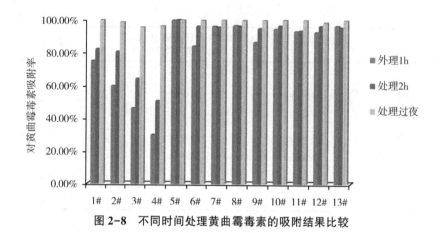

图2-8 不同时间处理黄曲霉毒素的吸附结果比较

表2-7 不同时间处理黄曲霉毒素的吸附结果

编号	黄曲霉毒素（体系pH值6.5）		
	1h	2h	过夜
1#	74.90%	82.10%	99.70%
2#	59.70%	80.50%	98.40%
3#	46.10%	64.20%	95.39%
4#	30.00%	50.60%	96.14%
5#	99.70%	100.00%	99.88%
6#	83.90%	96.10%	99.74%
7#	96.00%	95.50%	99.86%
8#	96.46%	96.20%	99.69%
9#	86.40%	94.70%	99.79%
10#	94.40%	96.40%	99.92%
11#	93.00%	93.40%	99.85%
12#	92.50%	96.22%	98.56%
13#	96.30%	95.40%	99.88%

四、市场收集霉菌毒素脱霉剂产品体外吸附评价方法研究结果

（一）评比企业脱霉剂产品吸附黄曲霉毒素的能力

中国农业科学院饲料研究所承接农业部（现农业农村部）霉菌毒素脱霉

剂产品安全预警监测工作，共收集了市场上 21 家单位的 39 种霉菌毒素脱霉剂产品。对产品体外吸附黄曲霉毒素的效果进行了评价。脱霉剂产品体外吸附黄曲霉毒素能力的结果如表 2-8 所示。除 5 款产品吸附率在某个 pH 值条件下低于 50%，其余产品对黄曲霉毒素的吸附效果都比较明显。

表 2-8　霉菌毒素脱霉剂产品吸附黄曲霉毒素效率测定结果

样品名称	AFB$_1$ 吸附率		添加量	样品名称	AFB$_1$ 吸附率		添加量
	pH 值 3.0	pH 值 6.5			pH 值 3.0	pH 值 6.5	
样品 1	99.61%	97.58%	2kg/t	样品 21	81.28%	80.99%	2kg/t
样品 2	99.67%	98.05%	2kg/t	样品 22	99.38%	88.67%	2kg/t
样品 3	99.85%	99.76%	2kg/t	样品 23	95.82%	73.34%	2kg/t
样品 4	97.65%	75.16%	2kg/t	样品 24	91.81%	65.83%	2kg/t
样品 5	97.94%	97.30%	2kg/t	样品 25	60.93%	36.98%	2kg/t
样品 6	98.50%	98.41%	2kg/t	样品 26	58.85%	33.96%	2kg/t
样品 7	96.26%	92.53%	2kg/t	样品 27	95.17%	87.91%	2kg/t
样品 8	99.73%	98.26%	2kg/t	样品 28	91.41%	65.83%	2kg/t
样品 9	99.82%	97.92%	2kg/t	样品 29	91.76%	72.58%	2kg/t
样品 10	99.92%	95.26%	2kg/t	样品 30	99.31%	46.86%	2kg/t
样品 11	93.69%	68.00%	2kg/t	样品 31	99.98%	99.58%	2kg/t
样品 12	100.00%	96.07%	2kg/t	样品 32	51.78%	3.04%	2kg/t
样品 13	99.44%	81.59%	2kg/t	样品 33	99.89%	93.15%	2kg/t
样品 14	98.32%	95.70%	2kg/t	样品 34	99.81%	91.59%	2kg/t
样品 15	93.58%	93.69%	2kg/t	样品 35	99.83%	73.39%	2kg/t
样品 16	99.81%	89.36%	2kg/t	样品 36	22.03%	9.60%	2kg/t
样品 17	99.27%	98.05%	2kg/t	样品 37	99.85%	83.27%	2kg/t
样品 18	98.69%	93.16%	2kg/t	样品 38	99.87%	91.57%	2kg/t
样品 19	99.85%	90.91%	2kg/t	样品 39	99.62%	81.20%	2kg/t
样品 20	99.50%	99.40%	2kg/t				

(二) 评比企业脱霉剂产品吸附玉米赤霉烯酮的能力

收集市场上 21 家单位的 39 种霉菌毒素脱霉剂产品，进行玉米赤霉烯酮体外吸附效果评定，结果如表 2-9 所示。其中 10 款产品的吸附率可以达到

50%以上，其余脱霉剂产品对玉米赤霉烯酮的吸附效果均较差。

表 2-9 霉菌毒素脱霉剂产品吸附玉米赤霉烯酮效率测定结果

样品名称	ZEA 吸附率		添加量	样品名称	ZEA 吸附率		添加量
	pH 值 3.0	pH 值 6.5			pH 值 3.0	pH 值 6.5	
样品 1	27.90%	34.62%	2kg/t	样品 21	37.47%	40.32%	2kg/t
样品 2	31.35%	59.80%	2kg/t	样品 22	18.44%	18.46%	2kg/t
样品 3	61.01%	100.00%	2kg/t	样品 23	20.66%	18.70%	2kg/t
样品 4	22.66%	25.06%	2kg/t	样品 24	34.15%	37.30%	2kg/t
样品 5	92.04%	95.40%	2kg/t	样品 25	18.21%	13.20%	2kg/t
样品 6	98.75%	97.21%	2kg/t	样品 26	19.54%	11.00%	2kg/t
样品 7	85.29%	88.41%	2kg/t	样品 27	37.20%	33.24%	2kg/t
样品 8	33.26%	33.41%	2kg/t	样品 28	41.48%	36.75%	2kg/t
样品 9	26.98%	32.74%	2kg/t	样品 29	26.54%	19.77%	2kg/t
样品 10	24.17%	27.16%	2kg/t	样品 30	18.29%	6.65%	2kg/t
样品 11	6.82%	6.31%	2kg/t	样品 31	100.00%	100.00%	2kg/t
样品 12	68.54%	76.75%	2kg/t	样品 32	30.94%	18.37%	2kg/t
样品 13	10.03%	4.37%	2kg/t	样品 33	6.77%	2.89%	2kg/t
样品 14	95.16%	96.46%	2kg/t	样品 34	5.90%	8.96%	2kg/t
样品 15	89.42%	91.76%	2kg/t	样品 35	5.80%	16.15%	2kg/t
样品 16	17.65%	13.76%	2kg/t	样品 36	34.39%	45.09%	2kg/t
样品 17	24.26%	24.42%	2kg/t	样品 37	6.70%	12.02%	2kg/t
样品 18	30.57%	32.49%	2kg/t	样品 38	6.77%	14.87%	2kg/t
样品 19	42.31%	30.48%	2kg/t	样品 39	7.00%	17.94%	2kg/t
样品 20	98.05%	98.46%	2kg/t				

（三）评比企业脱霉剂产品吸附呕吐毒素的能力

对从市场收集的 21 家单位 39 种霉菌毒素脱霉剂产品进行呕吐毒素体外吸附效果评定，结果如表 2-10 所示，除了 4 种产品在某个 pH 值水平下对呕吐毒素有较明显的吸附（>50%）外，其他产品对呕吐毒素几乎没有吸附效果，说明目前市场上对呕吐毒素有明显吸附效果的脱霉剂产品很少。

表 2-10 霉菌毒素脱霉剂产品吸附呕吐毒素效率测定结果

样品名称	DON 吸附率		添加量	样品名称	DON 吸附率		添加量
	pH 值 3.0	pH 值 6.5			pH 值 3.0	pH 值 6.5	
样品 1	7.00%	0.08%	2kg/t	样品 21	0.00%	0.00%	2kg/t
样品 2	3.22%	0.42%	2kg/t	样品 22	0.00%	0.00%	2kg/t
样品 3	5.89%	19.39%	2kg/t	样品 23	0.00%	0.00%	2kg/t
样品 4	0.00%	3.00%	2kg/t	样品 24	0.00%	0.00%	2kg/t
样品 5	4.78%	12.72%	2kg/t	样品 25	0.00%	0.00%	2kg/t
样品 6	45.35%	100.00%	2kg/t	样品 26	0.00%	0.00%	2kg/t
样品 7	2.63%	18.83%	2kg/t	样品 27	0.00%	0.00%	2kg/t
样品 8	10.40%	13.41%	2kg/t	样品 28	0.00%	0.00%	2kg/t
样品 9	6.16%	9.12%	2kg/t	样品 29	0.00%	0.00%	2kg/t
样品 10	0.69%	3.32%	2kg/t	样品 30	0.00%	0.00%	2kg/t
样品 11	0.20%	0.00%	2kg/t	样品 31	4.59%	61.84%	2kg/t
样品 12	0.00%	1.04%	2kg/t	样品 32	0.00%	1.03%	2kg/t
样品 13	0.00%	0.00%	2kg/t	样品 33	0.00%	0.00%	2kg/t
样品 14	0.00%	0.00%	2kg/t	样品 34	0.00%	0.00%	2kg/t
样品 15	0.00%	0.00%	2kg/t	样品 35	0.00%	0.00%	2kg/t
样品 16	0.00%	58.91%	2kg/t	样品 36	0.00%	0.00%	2kg/t
样品 17	0.00%	100.00%	2kg/t	样品 37	0.00%	0.00%	2kg/t
样品 18	0.00%	0.00%	2kg/t	样品 38	0.00%	0.00%	2kg/t
样品 19	0.00%	0.00%	2kg/t	样品 39	4.51%	0.00%	2kg/t
样品 20	0.00%	1.54%	2kg/t				

（四）评比企业脱霉剂产品吸附伏马毒素的能力

对从市场收集的 21 种霉菌毒素脱霉剂产品进行伏马毒素体外吸附效果评定，结果如表 2-11 所示。其中，15 款产品对伏马毒素的吸附可以达到 50%以上，有 3 款产品在 pH 值 3.0 和 pH 值 6.5 的条件下，对伏马毒素都有比较好的吸附（>50%），其他 6 款产品对伏马毒素的吸附率比较低。pH 值 3.0 和 pH 值 6.5 两种试验条件相比较，pH 值 3.0 条件下，产品对伏马毒素的吸附效果更为显著。

表 2-11　霉菌毒素脱霉剂产品吸附伏马毒素效率测定结果

样品名称	FB$_1$ 吸附率		添加量	样品名称	FB$_1$ 吸附率		添加量
	pH 值 3.0	pH 值 6.5			pH 值 3.0	pH 值 6.5	
样品 1	75.98%	4.05%	2kg/t	样品 12	32.88%	0.54%	2kg/t
样品 2	66.37%	4.19%	2kg/t	样品 13	100.00%	95.64%	2kg/t
样品 3	74.84%	1.69%	2kg/t	样品 14	92.88%	15.79%	2kg/t
样品 4	26.30%	1.00%	2kg/t	样品 15	94.32%	1.82%	2kg/t
样品 5	97.08%	67.85%	2kg/t	样品 16	88.91%	7.67%	2kg/t
样品 6	95.80%	97.01%	2kg/t	样品 17	64.11%	−1.13%	2kg/t
样品 7	87.37%	4.60%	2kg/t	样品 18	96.83%	2.62%	2kg/t
样品 8	82.95%	0.57%	2kg/t	样品 19	13.61%	−3.09%	2kg/t
样品 9	66.93%	2.98%	2kg/t	样品 20	7.16%	4.94%	2kg/t
样品 10	27.20%	−1.24%	2kg/t	样品 21	13.70%	9.44%	2kg/t
样品 11	80.30%	12.31%	2kg/t				

（五）评比企业脱霉剂产品吸附赭曲霉毒素的能力

对从市场收集的 21 种霉菌毒素脱霉剂产品进行赭曲霉毒素体外吸附效果评定，结果如表 2-12 所示。其中 9 款产品对赭曲霉毒素有较明显的吸附效果（>50%），其中 6 款产品在 pH 值 3.0 和 pH 值 6.5 试验条件下，对赭曲霉毒素都有较明显的吸附效果。从两种 pH 值条件的吸附结果进行比较发现，pH 值 3.0 条件下霉菌毒素脱霉剂产品对赭曲霉毒素的吸附效果更好。

表 2-12　霉菌毒素脱霉剂产品吸附赭曲霉毒素效率测定结果

样品名称	OTA 吸附率		添加量	样品名称	OTA 吸附率		添加量
	pH 值 3.0	pH 值 6.5			pH 值 3.0	pH 值 6.5	
样品 1	45.26%	4.76%	2kg/t	样品 12	7.52%	1.01%	2kg/t
样品 2	50.45%	6.82%	2kg/t	样品 13	95.31%	97.20%	2kg/t
样品 3	48.81%	4.58%	2kg/t	样品 14	86.97%	59.70%	2kg/t
样品 4	10.57%	6.34%	2kg/t	样品 15	22.00%	7.14%	2kg/t
样品 5	92.87%	91.09%	2kg/t	样品 16	43.72%	11.96%	2kg/t
样品 6	96.36%	92.95%	2kg/t	样品 17	14.67%	2.80%	2kg/t
样品 7	81.30%	65.55%	2kg/t	样品 18	50.33%	22.58%	2kg/t
样品 8	50.94%	9.23%	2kg/t	样品 19	7.00%	1.28%	2kg/t
样品 9	48.10%	7.63%	2kg/t	样品 20	12.24%	5.19%	2kg/t
样品 10	5.46%	3.99%	2kg/t	样品 21	12.61%	4.75%	2kg/t
样品 11	83.62%	78.91%	2kg/t				

第三节　脱霉剂产品有效性体外评价方法的建立

一、评价体系

模拟动物胃肠道 pH，缓冲液分别为 pH 值 3.0 和 pH 值 6.5；时间为 2h；温度为 37℃；脱霉剂添加量参照企业建议添加量（污染较严重）一般为 0.2%~0.3%；霉菌毒素浓度：黄曲霉毒素为 200μg/kg，玉米赤霉烯酮为 1 000μg/kg，呕吐毒素为 1 000μg/kg。检测方法详见 115~124 页。

二、吸附能力总结

市售的脱霉剂类产品，或是单纯饲用蒙脱石对黄曲霉毒素的吸附能力都很强，基本能达到吸附脱毒的作用。市售的脱霉剂类产品、单纯饲用蒙脱石或酵母细胞壁类原料对玉米赤霉烯酮的吸附能力参差不齐，吸附能力为 30%~70%，且酵母细胞壁类原料对玉米赤霉烯酮的吸附能力总体好于蒙脱石。市售的脱霉剂类产品、单纯饲用蒙脱石和酵母细胞壁类样品对呕吐毒素吸附能力较弱。

三、解析情况分析

蒙脱石类原料对黄曲霉毒素可以有效吸附，且解析率低于 1.5%。酵母细胞壁类原料对黄曲霉毒素的吸附力因酵母细胞壁的种类不同，而吸附差异较大，吸附率基本在 30% 以下，且解析率较大。

蒙脱石类原料对玉米赤霉烯酮的吸附率基本低于 50%，且 pH 值 6.5 时，解析率为 10% 左右。酵母细胞壁类原料对玉米赤霉烯酮的吸附效果好于蒙脱石，但是解析率较大。

总体来说，蒙脱石类和酵母细胞壁类吸附剂原料，对呕吐毒素的吸附率均较低，且解析率也较高。

第三章　饲料霉菌毒素脱霉剂产品有效性评价人工胃肠液体外模拟实验方法研究

第一节　研究概述

针对上述问题，特提出本研究采用人工胃肠液体外模拟实验的评价方法。本研究方法的主要原理是，以霉菌毒素吸附剂在饲料中的实际添加量和不同霉菌毒素在饲料中的真实污染水平为设定依据，在人工胃液和人工小肠液对特定饲料的消化液中进行霉菌毒素吸附剂吸附率的评价，充分模拟动物消化道中霉菌毒素和霉菌毒素吸附剂浓度比例、pH 值和温度等环境条件，引入特定饲料成分对霉菌毒素吸附剂吸附效果的影响，从而在尽可能模拟动物体内真实环境的条件下，对霉菌毒素吸附剂的效果进行评价。本研究方法的基本操作步骤是：①配制人工胃液和人工小肠液；②按照 3：1 的比例首先使用人工胃液对特定饲料在 39℃ ± 0.5℃ 温度条件下振荡消化 1h，10 000r/min 离心 5min，移取上清液（人工胃液消化液）待用；③向沉淀中加入三倍体积人工小肠液，在 39℃ ± 0.5℃ 温度条件下振荡消化 1h，10 000r/min 离心 5min，移取上清液（人工小肠液消化液）待用；④分别向人工胃液消化液和人工小肠液消化液中按特定比例添加一定数量的霉菌毒素吸附剂和霉菌毒素，39℃ ± 0.5℃ 温度条件下振荡孵育 1h；⑤11 000r/min 离心 5min，移取上清液；⑥测定上清液中霉菌毒素浓度，计算霉菌毒素吸附剂对特定霉菌毒素的吸附率。

本研究方法相比一般的体外评价方法和体内评价方法，具有以下优势：①采用人工胃液和人工小肠液替代缓冲液，更好地模拟了动物胃肠消化液；②利用人工胃液和人工小肠液针对特定饲料首先进行体外模拟消化，之后再采用人工胃液和人工小肠液的消化液对霉菌毒素吸附剂进行评价，这使得评价更具针对性，并且充分考虑了饲料中一些成分对霉菌毒素吸附剂的影响；③综合考虑饲料中霉菌毒素限量标准和实际监测情况进行毒素浓度设定，并充分考虑了动物消化液对饲料以及其中的霉菌毒素吸附剂和霉菌毒素的稀释作用，使得评价结果更加接近实际水平，避免体外评价方法对霉菌毒素吸附效果的过高估计；④通过测定反应终止时消化液中游离霉菌毒素含量计算霉菌毒素吸附率，较体内评价方法更准确直观。当然，本研究方法也存在一些缺陷，比如霉菌毒素和吸附剂在消化液中添加进行评价，而非添加在饲料中与饲料一起进行体外模拟消化，这主要是由于人工胃液和人工小肠液并非霉菌毒素的提取溶剂，霉菌毒素可能会被饲料颗粒非特异性吸附，从而影响评价结果。

第二节　多种霉菌毒素同步测定方法的建立与考察

　　由于饲料中霉菌毒素污染一般是多种霉菌毒素同时存在，并且不同霉菌毒素在对动物的毒性方面往往具有相似的症状，以及不同霉菌毒素之间还具有协同或增强作用。因此，是否具备对多种霉菌毒素同时具有吸附作用，是评价一种霉菌毒素吸附剂质量高低的重要指标。大部分霉菌毒素吸附剂体外评价方法都是采用对某一种单一霉菌毒素吸附率进行评价，或者分别对几种单一霉菌毒素进行吸附率评价。这对于表征一种霉菌毒素吸附剂在多种霉菌毒素同时污染饲料的复杂情况下的吸附效果，有着很大的局限性。因此，建立一种适合于霉菌毒素吸附率评价应用霉菌毒素同步测定方法非常必要。

一、仪器与试剂

　　超高效液相色谱−电喷雾电离源−串联质谱仪（Waters 公司），3K15 高速冷冻离心机（Sigma 公司）。

　　AFB_1、DON、ZEA、标准品，购自 Fermentek 公司；同位素内标 $13C_{17}$−AFB_1、$13C_{15}$−DON、$13C_{18}$−ZEA，购自 Romer 公司；一级水（Merck 纯水机制备）；乙腈、甲醇、甲酸、乙酸铵等试剂均为色谱纯；氯化钠、磷酸二氢钾、浓盐酸、氢氧化钠等试剂均为分析纯；胃蛋白酶、胰蛋白酶、猪胆盐购自国药集团。

二、溶液配制

（一）进样液

10mmol 乙酸铵（0.770 8g 溶解在 1L 去离子水中）/乙腈/甲酸=95/4.9/0.1。

（二）混合同位素内标进样液

分别准确移取 360μL 13C$_{17}$-AFB$_1$（500μg/kg）、360μL 13C$_{15}$-DON（25mg/kg）、50μL 13C$_{18}$-ZEA（25mg/kg）与 89.154mL 进样液混合，配制成 13C$_{17}$-AFB$_1$、13C$_{15}$-DON、13C$_{18}$-ZEA 浓度分别为 2μg/kg、100μg/kg、15μg/kg 的混合同位素内标进样液。

（三）6 种霉菌毒素混合标准储备液

分别移取浓度为 1 000mg/kg 的 AFB$_1$、DON 和 ZEA 溶液 10μL、100μL 和 40μL 配制成为体积为 380μL 的 3 种霉菌毒素混合标准储备液。

（四）人工胃液

称取氯化钠 2g，胃蛋白酶 3.2g，量取 36.5% 浓盐酸 7mL，加蒸馏水至 1 000mL，混匀，制得所需溶液。

（五）人工小肠液

称取磷酸二氢钾 6.8g，加蒸馏水 500mL 使之溶解，用 0.1 mol/L 氢氧化钠溶液调节 pH 值至 6.8，称取胰酶 10g，加蒸馏水使之溶解，将两溶液混合后，另加 3g 猪胆盐，加蒸馏水稀释至 1 000mL，制得所需溶液。

（六）人工胃液消化液

10g 饲料中添加 30mL 人工胃液，39℃±0.5℃ 振荡 1h，8 000r/min 离心 10min，取上清液待用。

（七）人工小肠液消化液

向制备人工胃液消化液所得的沉淀中加入 30mL 人工胃液，39℃±0.5℃ 振荡 1h，8 000r/min 离心 10min，取上清液待用。

三、色谱条件

色谱柱：Acquity UPLC BEH Shield RP$_{18}$ 色谱柱，2.1mm × 100mm，

1.7μm；柱温：40℃；进样量：5μL；流动相、流速及梯度洗脱条件如表3-1所示。

表 3-1　流动相、流速及梯度洗脱条件

时间（min）	流速（mL/min）	10mmol 乙酸铵溶液（%）	0.1%甲酸甲醇（%）
0	0.4	90.0	10.0
0.5	0.4	90.0	10.0
1.5	0.4	60.0	40.0
2.5	0.4	40.0	60.0
3.5	0.4	20.0	80.0
4.0	0.4	20.0	80.0
4.2	0.4	90.0	10.0
5.0	0.4	90.0	10.0

四、质谱条件

离子源：电喷雾离子源。

扫描方式：正离子扫描模式和负离子扫描模式。

检测方式：多反应监测。

脱溶剂气、锥孔气均为高纯氮气，碰撞气为高纯氩气。

毛细管电压、锥孔电压、碰撞能量等电压值均优化到最佳灵敏度。

定性离子对、定量离子对、保留时间及对应的锥孔电压和碰撞能量参考值如表3-2所示。

表 3-2　霉菌毒素 MS/MS 参数设置

a. ESI+监测模式

毒素名称	保留时间（min）	定性离子对（m/z）	定量离子对（m/z）	锥孔电压（V）	碰撞能量（eV）
AFB_1	2.67	313.095 8>241.040 3 313.095 8>284.862 6	313.095 8>241.040 3	46	36 22
DON	2.02	297.224 2>249.056 0 297.224 2>231.072 4	297.224 2>249.056 0	20	12 10
$^{13}C_{17}-AFB_1$	2.67	330.090 0>255.100 0	330.090 0>255.100 0	46	36
$^{13}C_{15}-DON$	2.02	312.431 9>262.800 0	312.431 9>262.800 0	25	12

b. ESI-监测模式

毒素名称	保留时间 （min）	定性离子对 （m/z）	定量离子对 （m/z）	锥孔电压 （V）	碰撞能量 （eV）
ZEA	3.28	317.223 5>175.063 2 317.223 5>187.121 0	317.223 5>175.063 2	38	26 22
13C$_{18}$-ZEA	3.28	335.073 0>140.039 0	335.073 0>140.039 0	40	30

五、样品处理

按照表3-3所示浓度，分别用人工胃液消化液和人工小肠液消化液配制成系列霉菌毒素溶液，每个浓度配制2mL，置于10mL塑料离心管中，涡旋混匀，39℃±0.5℃，200r/min恒温振荡1h，静置1min，取1mL置于1.5mL塑料离心管中，12 000r/min离心5min，移取上清液50μL于进样瓶中，加入450μL混合同位素内标进样液，涡旋混匀，上机测定。

表3-3 人工胃液/小肠液消化液中霉菌毒素浓度　　　　　　（ng/mL）

浓度梯度编号	AFB$_1$	DON	ZEA
A	200	2 000	800
B	100	1 000	400
C	50	500	200
D	20	200	80
E	10	100	40
F	5	50	20
G	2.5	25	10

六、定量计算

采用内标法定量。AFB$_1$采用13C$_{17}$-AFB$_1$内标定量，DON采用13C$_{15}$-DON内标定量，ZEA采用13C$_{18}$-ZEA内标定量。

七、方法验证

（一）色谱和质谱条件优化

该方法的建立基于本实验室大量实验研究结果，已经形成了较为成熟、系统的霉菌毒素同步测定技术（图3-1）。该方法具有操作简单、检测时间短、定量准确、灵敏度高等特点。

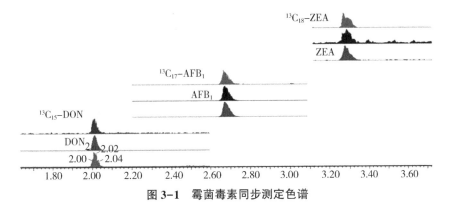

图3-1 霉菌毒素同步测定色谱

（二）标准曲线、线性范围、定量限

按照设定的霉菌毒素浓度梯度进行测定，并作为标准曲线对6种霉菌毒素的线性范围和定量限进行考察。结果显示，各种霉菌毒素在线性范围和定量限等技术指标上差异较大，但在各种线性范围内标准曲线的线性关系良好（表3-4、表3-5、图3-2和图3-3）。

表3-4 人工胃液消化液中霉菌毒素线性范围、检出限和定量限 （μg/L）

化合物	线性范围（μg/L）	线性方程	R^2	检出限（3S/N）	定量限（10S/N）
AFB$_1$	2.5~200	$y=0.083x-0.250$	0.993	0.3	1
DON	100~2 000	$y=0.004x+0.092$	0.997	30	100
ZEA	40~800	$y=0.023x-0.266$	0.997	13	40

表3-5 人工小肠液消化液中霉菌毒素线性范围、检出限和定量限 （μg/L）

化合物	线性范围（μg/L）	线性方程	R^2	检出限（3S/N）	定量限（10S/N）
AFB$_1$	2.5~200	$y=0.079x-0.215$	0.992	0.1	0.3
DON	100~2 000	$y=0.008x-0.744$	0.994	15	50
ZEA	40~800	$y=0.022x-0.422$	0.999	13	40

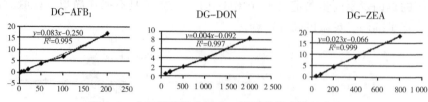

图 3-2　人工胃液消化液中 3 种霉菌毒素线性方程

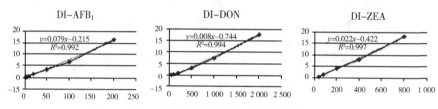

图 3-3　人工小肠液消化液中 3 种霉菌毒素线性方程

（三）精密度和热稳定性

对浓度梯度 B 的人工胃液消化液和人工小肠液消化液中 6 种霉菌毒素连续测定 6 次，计算其相对标准偏差 RED 均小于 20%（表 3-6）。

表 3-6　人工胃液消化液和人工小肠液消化液中 6 种
霉菌毒素测定相对标准偏差%（$n=6$）

	AFB$_1$	DON	ZEA
人工胃液消化液	2.25	5.92	12.70
人工小肠液消化液	3.62	5.12	1.66

对浓度梯度 B 的人工胃液消化液和人工小肠液消化液分别 39℃±0.5℃振荡加热 1h、2h 和 5h，以加热 1h 峰面积响应值与内标峰面积响应值的比值为基准，考察不同加热时间对测定结果的影响。结果显示，5h 以内 39℃±0.5℃加热对 AFB$_1$、DON 和 ZEA 影响很小（图 3-4）。结果提示，在霉菌毒素脱霉剂评价试验中，应当严格控制孵育时间，并且设立霉菌毒素对照组以消除孵育带来的测定结果不稳定的影响。

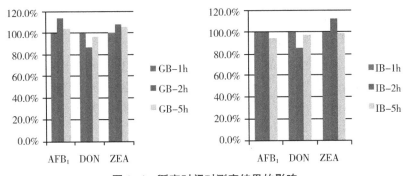

图 3-4　孵育时间对测定结果的影响

（左图为人工胃液消化液，右图为人工小肠液消化液）

第三节　人工胃肠液体外模拟法评价霉菌毒素吸附剂对 3 种霉菌毒素吸附率的试验

本试验采用人工胃液和人工小肠液体外模拟方法评价了 23 种市售霉菌毒素吸附剂同时对 3 种霉菌毒素的吸附率。

一、材料

（一）霉菌毒素吸附剂

选取了市售 23 种霉菌毒素吸附剂，根据其组成成分可以分为两大类，即铝硅酸盐类和复合碳水化合物类。

（二）饲料

选用一种不含任何霉菌毒素吸附剂的生长育肥猪配合饲料（试用阶段 30~60kg）。

二、方法

（一）霉菌毒素混合标准储备液的配制

分别移取浓度为 1 000mg/L 的 AFB_1、DON、ZEA，配制成体积 920μL 的

3 种霉菌毒素混合标准储备液。

（二）人工胃液消化液的制备

分别称量 60g 饲料样品于 6 个 250mL 三角瓶中，向其中加入人工胃液 180mL，调节 pH 值到 2.0 左右，置于 39℃±0.5℃恒温振荡器中 220r/min 孵育 1h，静置 1min，转移上清液至数个 50mL 塑料离心管中，10 000r/min 离心 10min，收集上清液于 1 000mL 试剂瓶中待用。

（三）人工小肠液消化液的制备

分别向人工胃液消化液制备时三角瓶中剩余的饲料沉淀中加入 180mL 人工小肠液，置于 39℃±0.5℃恒温振荡器中 220r/min 孵育 1h，静置 1min，转移上清液至数个 50mL 塑料离心管中，10 000r/min 离心 10min，收集上清液于 1 000mL 试剂瓶中待用。

（四）人工胃液和人工小肠液消化毒素溶液配制

920μL 毒素溶液混标分别用人工胃液消化液和人工小肠液消化液定容至 500mL，3 种霉菌毒素溶液的含量及折合饲料中污染浓度如表 3-7 所示。

表 3-7　霉菌毒素吸附剂吸附率评价设定的霉菌毒素浓度

项目	AFB$_1$	DON	ZEA
人工胃液/小肠液消化液毒素溶液中浓度（ng/mL）	40	500	500
饲料/胃肠液系数	3	3	3
饲料中毒素浓度（μg/kg）	120	1 500	1 500

（五）测定步骤

精确称量 23 种霉菌毒素脱霉剂各 4.00mg（精确至 0.01mg）于 50mL 离心管中（由于 21#、22#、23#颗粒较大，为保证均一性，故加倍称量即 8.00mg），每个样品 6 个平行，其中 3 个平行用于人工胃液消化液评价，另外 3 个用于人工小肠液消化液评价。

分别向盛有吸附剂的 50mL 离心管中加入人工胃液消化液毒素溶液 5mL（21#、22#、23#分别加入 10mL），每个吸附剂 3 个平行；分别向装有吸附剂的 50mL 离心管中加入人工小肠液消化液毒素溶液 5mL，每个吸附剂 3 个平行。同时，分别向不装有任何吸附剂的空白离心管中加入人工胃液消化液毒素溶液和人工小肠液消化液毒素溶液 5mL，每种设 6 个平行。

迅速水浴加热至 39℃，置于恒温振荡器中 39℃、220r/min 振荡 1h，立即冷却静置。

取 1mL 溶液至 1.5mL 离心管中，13 000r/min 离心 5min。

取 60μL 上清液与 540μL 内标进样液涡旋混匀，上机测定。

吸附率计算：吸附率% = （1-A_i/A_0）×100%。式中，为 A_i 为脱霉剂样品峰面积与内标峰面积比值，A_0 为霉菌毒素空白对照峰面积与内标峰面积比值。

三、结果与讨论

（一）霉菌毒素及吸附剂用量的设定

霉菌毒素污染浓度的设定综合考虑了限量标准、实际污染水平及该测定方法的检出限。本试验设定饲料中污染 AFB_1、DON、ZEA 的浓度分别为 120μg/kg、1 500μg/kg、1 500μg/kg，基本符合实际饲料中可能污染的较高水平。本试验模拟生长育肥猪消化道，而生长育肥猪胃液和小肠液与饲料的比值系数一般为 3。因此，本试验中人工胃液和人工小肠液中各种霉菌毒素的浓度相当于饲料污染水平的 1/3。

霉菌毒素吸附剂的用量，一般根据产品说明提供的比例。本试验取霉菌毒素吸附剂通常在饲料中添加 0.25% 的比例，并折合胃肠液中再稀释 3 倍，即约等于 0.08% 水平。因此，每 5mL 人工胃液/小肠液消化液中添加 4mg 霉菌毒素吸附剂。

这种以饲料中污染和添加水平为基准，根据消化液/饲料稀释系数进行折算的方式，较一般体外缓冲体系评价方法更为精准地模拟了动物消化道中霉菌毒素吸附剂结合霉菌毒素的实际情况，测定结果也更加符合实际情况。

（二）不同吸附剂对 3 种霉菌毒素的吸附率

23 种不同吸附剂在人工胃液消化液和人工小肠液消化液中对 3 种霉菌毒素吸附率测定结果见表 3-8 和表 3-9，图 3-5 至图 3-7。

1. 不同吸附剂对 AFB_1 吸附率

分别用 3 个人工胃液消化液毒素溶液和 3 个人工小肠液消化液毒素溶液对其平均值做吸附率计算，并计算其相对标准偏差分别为 8.19% 和 5.83%。因此，吸附剂吸附率在人工胃液和人工小肠液中分别大于 8.19% 和 5.83% 方可认为有效。蒙脱石类产品对 AFB_1 吸附率总体高于酵母细胞壁类产品，其吸附率达到80%以上，而酵母细胞壁类产品大多数都低于30%。另外，各种吸附剂在人工胃液消化液和人工小肠液消化液中对 AFB$_1$ 吸附率基本一致。

2. 不同吸附剂对 DON 吸附率比较

分别用6个人工胃液消化液毒素溶液和6个人工小肠液消化液毒素溶液对其平均值做吸附率计算，并计算其相对标准偏差分别为 8.67% 和 11.04%。因此，吸附剂吸附率在人工胃液和人工小肠液中分别大于 8.67% 和 11.04% 方可认为有效。吸附剂对 DON 的吸附率普遍较低，大部分吸附剂在人工胃液中对 DON 的吸附率在测定误差之内。总体而言，在人工小肠液中蒙脱石类产品对 DON 有一定吸附作用，且优于酵母细胞壁类。

3. 不同吸附剂对 ZEA 吸附率比较

分别用6个人工胃液消化液毒素溶液和6个人工小肠液消化液毒素溶液对其平均值做吸附率计算，并计算其相对标准偏差分别为 9.30% 和 14.01%。因此，吸附剂吸附率在人工胃液和人工小肠液中分别大于 9.30% 和 14.01% 方可认为有效。吸附剂对 ZEA 的吸附率较低，但酵母细胞壁类产品对 ZEA 吸附率优于蒙脱石类产品。

四、结论

本研究建立了人工胃液和人工小肠液体外模拟方法评价不同类型吸附剂对3种主要霉菌毒素吸附率的方法，该方法较缓冲液体外评价方法更接近动物消化道实际情况，吸附剂与霉菌毒素及其在消化液中比例更加合理，并且引入特定饲料对吸附剂吸附率的影响。同时，该方法操作较为简单，但灵敏度高、结果准确可靠，可以作为一种良好的霉菌毒素评价吸附剂吸附率评价方法。

应用本研究方法评价了 23 种霉菌毒素吸附剂对 3 种主要霉菌毒素的吸附率。在人工胃液/小肠液消化液中，蒙脱石类产品对 AFB$_1$ 吸附效果良好，吸附率在80%以上，酵母细胞壁类产品对 AFB$_1$ 吸附有一定效果，较蒙脱石类产品差，吸附率在50%以下。各种吸附剂对 DON 的吸附率普遍较低，大部分吸附剂在人工胃液中对 DON 吸附无效，在人工小肠液中蒙脱石类产品对 DON 有一定吸附作用，且优于酵母细胞壁类。各种脱霉剂对 ZEA 的吸附率较低（低于40%），但酵母细胞壁类产品对 ZEA 吸附率优于蒙脱石类产品，并且比较稳定，说明酵母细胞壁类产品对 ZEA 具有一定的吸附作用。

表 3-8　人工胃液消化液中霉菌毒素吸附剂吸附率

序号	样品名称	AFB_1		DON		ZEA	
		吸附率	SD	吸附率	SD	吸附率	SD
1	饲用蒙脱石	80.01%	1.71%	13.79%	1.70%	22.23%	6.69%
2	饲用蒙脱石	90.54%	0.51%	8.11%	9.97%	21.27%	8.11%
3	饲用蒙脱石	93.46%	5.05%	14.65%	5.71%	23.88%	9.17%
4	饲用蒙脱石	86.86%	3.18%	13.64%	4.27%	25.92%	6.81%
5	饲用蒙脱石	96.50%	1.03%	9.12%	5.26%	29.97%	13.10%
6	饲用蒙脱石	94.47%	0.47%	14.51%	2.30%	23.79%	1.60%
7	饲用蒙脱石	93.01%	1.51%	14.71%	2.36%	22.07%	4.82%
8	饲用蒙脱石	85.13%	0.86%	11.02%	7.71%	13.67%	11.52%
9	酵母细胞壁	16.65%	9.54%	6.68%	4.51%	38.96%	8.64%
10	酵母细胞壁	12.59%	5.20%	16.24%	7.89%	28.48%	11.31%
11	进口细胞壁	14.82%	9.54%	15.66%	5.88%	30.26%	4.24%
12	上海酵母多糖	7.42%	7.98%	8.25%	4.30%	18.56%	9.99%
13	酵母多糖	14.03%	4.71%	11.20%	1.05%	24.00%	19.32%
14	DM	89.86%	1.34%	6.11%	3.17%	22.82%	8.49%
15	ODL2	81.33%	2.88%	12.23%	4.61%	30.17%	4.64%
16	欧洲 1	40.57%	1.01%	5.89%	3.13%	29.75%	13.96%
17	欧洲 2	94.72%	2.06%	9.79%	6.80%	19.95%	10.98%
18	美国产品	95.88%	3.35%	9.42%	11.83%	13.06%	4.95%
19	巴西 XFJ	45.68%	4.26%	15.50%	0.33%	34.30%	10.49%
20	西班牙 XFJ	90.02%	0.49%	4.15%	3.31%	28.13%	7.85%
21	化 1	24.35%	6.60%	-1.31%	8.98%	24.12%	8.97%
22	化 2	58.15%	6.45%	13.96%	5.18%	20.49%	14.35%
23	新 PS	21.45%	3.11%	11.34%	7.01%	29.55%	12.33%

表 3-9　人工小肠液消化液中霉菌毒素吸附剂吸附率

序号	样品名称	AFB_1		DON		ZEA	
		吸附率	SD	吸附率	SD	吸附率	SD
1	饲用蒙脱石	76.15%	2.86%	19.94%	6.17%	17.58%	3.84%
2	饲用蒙脱石	91.77%	0.29%	22.67%	6.01%	8.67%	17.68%
3	饲用蒙脱石	92.96%	1.05%	17.44%	7.82%	-1.45%	17.08%
4	饲用蒙脱石	85.40%	4.52%	31.31%	17.10%	14.22%	4.44%

（续表）

序号	样品名称	AFB$_1$		DON		ZEA	
		吸附率	SD	吸附率	SD	吸附率	SD
5	饲用蒙脱石	97.37%	0.92%	16.98%	8.33%	−0.22%	20.50%
6	饲用蒙脱石	91.53%	0.49%	12.29%	0.29%	15.24%	5.56%
7	饲用蒙脱石	90.66%	0.86%	17.29%	3.93%	21.59%	7.84%
8	饲用蒙脱石	79.64%	2.27%	24.18%	1.98%	23.16%	10.73%
9	酵母细胞壁	8.65%	4.85%	23.49%	6.87%	27.15%	12.03%
10	酵母细胞壁	8.85%	9.72%	15.63%	1.10%	24.88%	14.90%
11	进口细胞壁	12.17%	0.78%	3.83%	3.13%	33.55%	11.46%
12	上海酵母多糖	13.42%	1.46%	9.73%	2.31%	28.50%	4.04%
13	酵母多糖	9.31%	6.48%	3.80%	8.48%	34.76%	4.52%
14	DM	95.36%	0.83%	10.12%	8.01%	31.04%	5.42%
15	ODL2	87.64%	2.42%	17.22%	16.96%	30.28%	10.13%
16	欧洲1	45.19%	6.24%	12.68%	7.47%	33.72%	3.96%
17	欧洲2	95.01%	1.24%	5.49%	3.89%	27.76%	7.24%
18	美国产品	97.06%	0.78%	7.33%	2.15%	13.96%	8.93%
19	巴西 XFJ	50.12%	5.11%	8.32%	10.36%	10.13%	7.94%
20	西班牙 XFJ	94.04%	0.83%	12.29%	7.74%	9.65%	16.70%
21	化1	19.94%	10.84%	12.27%	4.21%	3.16%	10.33%
22	化2	62.59%	7.18%	10.98%	12.39%	5.57%	22.73%
23	新 PS	13.04%	6.17%	16.80%	5.16%	12.01%	15.42%

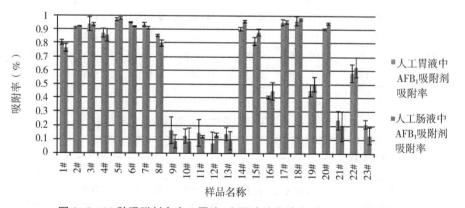

图3-5 23种吸附剂在人工胃液/小肠液消化液中对 AFB$_1$ 的吸附率

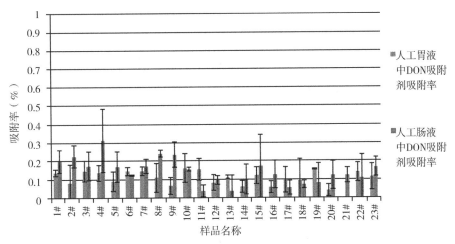

图 3-6　23 种吸附剂在人工胃液/小肠液消化液中对 DON 的吸附率

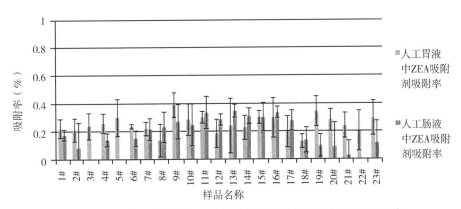

图 3-7　23 种吸附剂在人工胃液/小肠液消化液中对 ZEA 的吸附率

第四章 饲料霉菌毒素脱霉剂产品有效性动物试验评价方法研究

第一节 不同吸附剂对饲喂黄曲霉毒素污染饲料肉鸭试验研究

一、研究方案

（一）试验设计

试验选择 1 日龄健康肉公鸭 540 只，随机分为 6 组，每组 6 个重复，每个重复 15 只。设 2 个对照组（1 个阴性对照，1 个阳性对照），4 个试验组，分组情况见表 4-1。饲养周期为 35d，饲喂颗粒料。阴性对照饲喂基础日粮，参照国家肉鸭饲养标准配制。阳性对照及 4 个试验组饲喂霉变日粮，用 8% 黄曲霉毒素污染棉粕等比例替代基础日粮中的正常棉粕。经检测，各霉变日粮中的黄曲霉毒素接近 100μg/kg。4 个试验组分别在霉变日粮中添加 0.2% 的国产蒙脱石产品、酵母细胞壁产品、国产复合脱霉剂产品、进口复合脱霉剂产品。

（二）指标检测

整个试验过程中准确记录肉鸭采食量、发病率、死亡率及淘汰情况。于 7 日龄、14 日龄、21 日龄、28 日龄以及 35 日龄时，肉鸭全群空腹 12h 后，以重复为单位称重，计算生产性能。每重复选取 1 只与平均体重接近的鸭，采取血样，颈静脉放血处死，测定其屠宰性能、器官指数、血液生化指标、胸肌、腿肌及肝脏样品中的黄曲霉毒素残留量，并对肝脏组织进行病理学分析，测定免疫相关基因表达量。

二、研究结果

（一）霉变棉粕和不同吸附剂对肉鸭生长性能的影响

由表4-1可知，用霉变棉粕替代正常棉粕极显著地降低肉鸭的平均日采食量和平均日增重（$P<0.01$），极显著地增加肉鸭的料重比（$P<0.01$）。含有霉变棉粕的日粮中添加吸附剂后显著缓解了霉变棉粕对肉鸭生长的影响（$P<0.05$），在0~2周，复合吸附剂和蒙脱石吸附剂对平均日采食量和平均日增重的影响没有显著差异（$P>0.05$），与酵母细胞壁吸附剂差异显著（$P<0.05$），4种吸附剂对料重比的影响没有显著差异（$P>0.05$）。在3~5周，国外复合吸附剂组的平均日采食量和平均日增重显著高于国内复合吸附剂组和酵母细胞壁吸附剂组（$P<0.05$），两种复合吸附剂组的料重比显著低于两种单一吸附剂组（$P<0.05$），且酵母细胞壁组显著低于蒙脱石吸附剂组（$P<0.05$）。

总之，用霉变棉粕代替正常棉粕饲喂肉鸭，对肉鸭的生长产生严重的不利影响，添加吸附剂会缓解霉变棉粕的不利影响，而且复合吸附剂的吸附效果要好于单一吸附剂，酵母细胞壁类吸附剂的吸附效果最差。

表4-1　霉变棉粕与不同种类吸附剂对肉鸭生长的影响

处理	0~2周			3~5周		
	平均日采食量（g/d）	平均日增重（g/d）	料重比	平均日采食量（g/d）	平均日增重（g/d）	料重比
正对照	60.16[a]	43.72[a]	1.34[c]	192.57[a]	88.10[a]	2.22[d]
负对照	51.43[d]	36.03[d]	1.41[a]	175.00[e]	73.50[e]	2.43[a]
国产蒙脱石	56.74[b]	40.77[b]	1.36[bc]	185.12[c]	80.11[d]	2.37[b]
酵母细胞壁	53.90[c]	37.96[c]	1.39[ab]	181.70[d]	80.21[d]	2.32[c]
国内复合	56.83[b]	40.57[b]	1.37[ab]	184.20[c]	83.32[c]	2.25[d]
国外复合	56.13[c]	40.64[b]	1.36[ab]	189.01[b]	86.02[b]	2.24[d]

注：表中同列不同字母表差异显著（$P<0.05$），下同

（二）霉变棉粕和不同吸附剂对肉鸭屠宰性能的影响

由表4-2可知，霉变棉粕和不同种类的吸附剂对肉鸭的屠宰性能没有显著影响，且不同吸附剂对霉菌毒素的吸附效果没有显著差异。

表 4-2　霉变棉粕与不同种类吸附剂对肉鸭屠宰性能的影响

处理	1~14d			15~35d		
	屠宰率	全净膛率	瘦肉率	屠宰率	全净膛率	瘦肉率
正对照	0.92	0.58	0.22	0.89	0.68	0.22
负对照	0.91	0.58	0.22	0.89	0.67	0.21
国产蒙脱石	0.92	0.55	0.21	0.89	0.68	0.22
酵母细胞壁	0.92	0.57	0.22	0.89	0.66	0.22
国内复合	0.92	0.58	0.22	0.89	0.67	0.21
国外复合	0.92	0.59	0.21	0.89	0.68	0.22

（三）霉变棉粕和不同吸附剂对肉鸭免疫器官指数的影响

由表 4-3 可知，在肉鸭日粮中，用霉变棉粕替代正常棉粕（负对照组），对肉雏鸭免疫系统的损伤较大，会明显造成雏鸭免疫器官组织增生，极显著地增加肉鸭的脾脏、胸腺和法氏囊指数（$P<0.01$）。在 14 日龄，国外复合吸附剂组和蒙脱石吸附剂组的脾脏指数分别显著低于国内复合吸附剂组（$P<0.05$）和酵母细胞壁吸附剂组（$P<0.05$）；两种复合吸附剂组和蒙脱石吸附剂组的胸腺指数显著低于酵母细胞壁吸附剂组（$P<0.05$）；两种复合吸附剂组的法氏囊指数显著低于两种单一吸附剂组（$P<0.05$），且蒙脱石吸附剂组的显著低于酵母细胞壁组（$P<0.05$）。在 35 日龄，国外复合吸附剂组的脾脏指数和法氏囊指数显著低于另 3 种吸附剂组（$P<0.05$），蒙脱石吸附剂组和国内吸附剂组的脾脏指数和法氏囊指数没有显著差异，酵母细胞壁吸附剂组的脾脏指数和法氏囊指数最高；国外复合吸附剂组的胸腺指数显著低于另外 3 种吸附剂组（$P<0.05$），酵母细胞壁吸附剂组和国内复合吸附剂组脾脏指数最高且差异显著。

表 4-3　霉变棉粕与不同种类吸附剂对肉鸭免疫器官指数的影响　　（g/kg）

处理	14d			35d		
	脾脏	胸腺	法氏囊	脾脏	胸腺	法氏囊
正对照	0.94[d]	5.61[d]	1.68[d]	0.70[e]	4.34[e]	1.00[d]
负对照	1.91[a]	6.39[a]	2.85[a]	1.15[a]	6.09[a]	1.28[a]
蒙脱石	1.60[b]	6.03[bc]	2.10[c]	0.85[c]	5.43[c]	1.16[c]
酵母细胞壁	2.03[a]	6.21[b]	2.31[b]	1.02[b]	5.77[b]	1.24[b]
国内复合	1.65[b]	6.02[bc]	1.82[d]	0.91[c]	5.67[b]	1.13[c]
国外复合	1.23[c]	5.92[c]	1.77[d]	0.80[b]	4.69[d]	1.03[d]

（四）霉变棉粕和不同吸附剂对反映肉鸭肝脏健康指标的影响

霉变棉粕与不同种类吸附剂对肉鸭肝脏健康相关指标的影响见表4-4，结果表明，给肉鸭饲喂霉变棉粕日粮极显著降低14日龄血清总蛋白（TP）、白蛋白（ALB）和碱性磷酸酶（ALP）活性（$P<0.01$），极显著升高肝脏指数、谷丙转氨酶（ALT）和谷草转氨酶（AST）活性（$P<0.01$）；对35日龄肉鸭肝脏健康相关指标的影响中，极显著升高ALT活性和肝脏指数（$P<0.01$），对其他指标的影响不显著。在14日龄，在含有霉变棉粕的日粮中添加吸附剂显著降低了肝脏指数（$P<0.05$）；蒙脱石吸附剂显著升高了血清TP含量（$P<0.05$），显著降低了ALT和AST活性（$P<0.05$）；2种复合吸附剂显著降低了AST活性（$P<0.05$），且2种复合吸附剂的效果差异不显著；但是酵母细胞壁吸附剂反而降低了血清中TP的含量（$P<0.05$），国内复合吸附剂反而显著降低了ALB含量和AST活性（$P<0.05$）。在肉鸭35日龄，在含有霉变棉粕的日粮中添加吸附剂显著降低了肝脏指数（$P<0.05$）；蒙脱石吸附剂显著提高了血清TP含量（$P<0.05$）和ALT活性（$P<0.05$），另外3种吸附剂对黄曲霉毒素损害肝脏健康的缓解效果不明显，且不同吸附剂的缓解效果差异不显著。

表4-4　霉变棉粕与不同种类吸附剂对肉鸭肝脏健康相关指标的影响

	处理	正对照	负对照	蒙脱石	酵母细胞壁	国内复合	国外复合
14d	TP（g/L）	29.08[a]	14.23[bc]	19.30[b]	15.40[bc]	13.67[c]	19.28[b]
	ALB（g/L）	10.92	10.00	9.07	8.90	8.48	8.46
	ALP（IU/L）	639.60	749.60	672.83	659.00	720.80	661.00
	ALT（IU/L）	47.80	53.60	68.00	58.20	71.20	53.67
	AST（IU/L）	53.20[c]	108.40[a]	96.17[ab]	67.20[abc]	83.60[abc]	57.50[bc]
	肝脏指数（g/kg）	42.94	36.69	36.11	36.04	39.38	42.26

（续表）

处理		正对照	负对照	蒙脱石	酵母细胞壁	国内复合	国外复合
	TP（g/L）	29.30	27.25	25.68	27.80	26.53	28.80
	ALB（g/L）	10.88	10.17	9.75	10.53	9.70	10.90
35d	ALP（IU/L）	604.17	570.67	512.33	498.50	462.83	510.00
	ALT（IU/L）	31.83	39.67	33.17	46.33	37.50	36.67
	AST（IU/L）	67.50	85.83	80.00	107.67	91.33	73.00
	肝脏指数（g/kg）	21.83	22.33	21.46	22.52	22.11	20.09

（五）霉变棉粕和不同吸附剂对反映肉鸭肾脏健康指标的影响

由表4-5可知，霉变棉粕能极显著的升高肉鸭的肾脏指数（$P<0.01$），血清中尿素氮（BUN）含量有升高的趋势，但不显著。日粮中添加吸附剂能显著改善霉变棉粕对肉鸭肝脏指数的影响，14日龄时，蒙脱石吸附剂和国外复合吸附剂的效果明显优于酵母细胞壁吸附剂和国内复合吸附剂（$P<0.05$），且酵母细胞壁的吸附效果最差（$P<0.05$）；35日龄时，2种复合吸附剂的吸附作用要显著好于2种单一吸附剂（$P<0.05$），且相对于其他吸附剂组酵母细胞壁吸附剂组的肾脏指数明显升高（$P<0.05$）。

表4-5　霉变棉粕与不同种类吸附剂对肉鸭肾脏健康的影响

处理	14d		35d	
	BUN（mmol/L）	肾脏指数	BUN（mmol/L）	肾脏指数
正对照	0.87	10.67[a]	0.91	6.03[a]
负对照	1.01	14.71[e]	1.12	7.00[e]
国产蒙脱石	1.01	12.38[b]	1.17	6.47[c]
酵母细胞壁	1.17	13.77[d]	1.25	6.84[d]
国内复合	0.88	13.55[c]	1.16	6.32[b]
国外复合	1.20	12.57[b]	1.21	6.24[b]

总之，用被黄曲霉毒素污染的霉变棉粕替代正常棉粕，显著降低肉鸭的生长性能，抑制和损伤肉鸭的免疫系统功能，影响肉鸭的肝脏、肾脏健康和功能，但对肉鸭的胴体品质影响不显著。添加脱霉剂对黄曲霉毒素引起的不

良影响有所改善，其中复合脱霉剂好于单一脱霉剂，国外脱霉剂效果好于国内脱霉剂，蒙脱石产品效果好于酵母细胞壁产品效果。

由图4-1至图4-4可以看出，0~3周肉鸭的胴体品质受黄曲霉毒素影响较小。

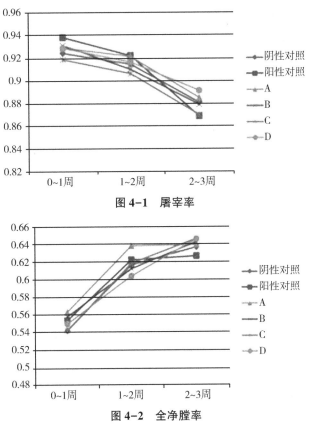

图4-1　屠宰率

图4-2　全净膛率

阳性对照的胸肌率较高；对照组和处理组屠宰率和腿肌率呈下降趋势；对照组和处理组的全净膛和胸肌率呈上升趋势。

肉鸭的生产性能受黄曲霉毒素影响较大，严重降低肉鸭平均日增重和平均采食量，但对胴体品质的影响较小。与正常组肉鸭相比，用含有黄曲霉毒素的霉变棉粕替代正常棉粕显著降低肉鸭的生产性能；血清学分析显示，黄曲霉毒素显著降低了血清中 TP 和 ALB 含量，肝脏是血清蛋白的主要来源器官；免疫学分析显示，黄曲霉毒素引起肉鸭免疫器官（胸腺、脾脏、法氏囊）明显的病变性增生，而且血清中的免疫蛋白（IgA、IgG、IgM）含量降

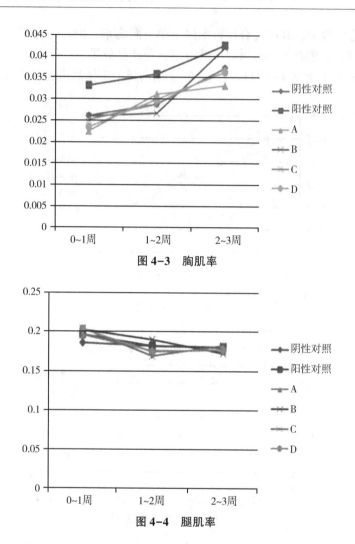

图 4-3　胸肌率

图 4-4　腿肌率

低；肝脏病理学分析结果显示，黄曲霉毒素可以引起雏鸭肝脏发生严重病变，而 28d 和 35d 的病理结果显示，肝脏的病变状况有所减轻，可见肉鸭自身就具有黄曲霉毒素的解毒效应，参与机体解毒功能的主要器官就是肝脏。另外，日粮中添加吸附剂可以显著改善肉鸭的生产性能，但黄曲霉毒素引发肉鸭肝脏的损伤并没有得到缓解，可见吸附剂对黄曲霉毒素的解毒功能具有局限性。

第二节　不同脱霉剂对饲喂呕吐毒素污染饲料生长肥育猪试验研究
（北方猪场）

为研究不同脱霉剂对饲喂呕吐毒素污染饲料生长肥育猪的影响，本试验选用6种脱霉剂进行对比试验，目的是比较吸附剂、细胞壁和解毒菌的脱毒效果。

一、材料与方法

（一）试验动物与试验设计选择

体重为27~28kg的健康生长肥育猪32只，随机分为8个处理组，每个处理组4头猪，单笼饲养，专人负责。处理组1（正对照组）不添加霉菌毒素，处理组2（负对照组）加有毒大米130g；处理3~8组在负对照组日粮基础上添加蒙脱石120g、细胞壁120g、BAM脱霉剂120g、原装HMJ-1 120g、20mL菌液和HMJ-2 120g。试验在北京顺义实验猪场进行，试验期4周，呕吐毒素的剂量分别是试验第一周、第二周3mg/kg，第三周4mg/kg，第四周5mg/kg。

（二）试验日粮及饲养管理

日粮配方及饲养管理均按猪场平时生产进行，有毒大米和霉菌毒素解毒剂准确称量后，经稀释逐级加入，混合均匀。

（三）测定指标

1. 生长指标

平均日增重、平均日采食量、料重比。

2. 血清指标

试验结束时，静脉采血于离心管中。收集血清保存在-80℃条件下，用于血清生化试验。检测血清指标包括ALT（谷丙转氨酶）、AST（谷草转氨酶）、TP（总蛋白）、ALB（血清白蛋白）、BUN（血尿素氮）、CRE（肌酐）、LDH（乳酸脱氢酶）、IgA、IgG、IgM。

（四）统计分析

试验数据采用 SPSS 统计软件对处理组间进行多重比较统计分析，结果以平均值±标准误表示。

二、结果

霉菌毒素脱霉剂对生长育肥猪生长性能影响的试验结果见表 4-6，对血液生长指标和血清免疫球蛋白的影响见表 4-7 和表 4-8。由表 4-6 可知，各霉菌毒素脱霉剂处理组均好于负对照组，说明添加脱霉剂是有效的。其中，细胞壁组表现最佳，其次是 HMJ-1 组与正对照组，从生产性能来看并无差异，甚至细胞壁组从生长性能来看还要优于正对照组。

表 4-6　饲料中脱霉剂对生长肥育猪生长性能的影响

组别	平均日增重 ADG（kg/d）	平均日采食量 ADFI（kg/d）	料肉比 F/G
正对照	1.58±020	4.67±0.21	2.95±0.09
负对照	1.27±0.18	4.67±0.20	3.68±0.08
蒙脱石	1.10±0.12	3.57±0.23	3.24±0.10
细胞壁	1.63±0.17	4.28±0.17	2.62±0.07
BAM 脱霉剂	1.27±0.09	3.90±0.15	3.08±0.14
HMJ-1	1.52±0.13	4.45±0.24	2.93±0.10
20mL 菌液	1.48±0.08	4.48±0.22	3.02±0.15
HMJ-2	1.32±0.07	4.10±0.21	3.11±0.09

表 4-7　饲料中脱霉剂对生长肥育猪血液生化指标的影响

组别	ALT	AST	TP	ALB	BUN	CRE	LDH
正对照	33.67±2.40	63.33±3.66	62.00±4.89	19.80±2.36	4.34±0.45	82.67±6.45	654.00±9.56
负对照	44.67±3.45	67.00±4.21	68.63±5.21	21.37±2.78	5.28±0.34	89.33±5.89	591.00±5.21
蒙脱石	56.33±4.01	92.33±6.45	59.93±4.29	16.97±2.45	3.28±0.29	75.33±4.28	869.00±7.99
细胞壁	56.67±4.52	67.67±5.78	58.10±4.76	20.13±2.12	2.97±0.54	80.00±9.77	776.33±10.18
BAM 脱霉剂	37.00±2.69	59.00±3.98	63.93±4.16	19.40±3.54	4.37±0.23	87.67±7.16	772.67±12.36

（续表）

组别	ALT	AST	TP	ALB	BUN	CRE	LDH
HMJ-1	55.67±4.32	58.00±4.36	66.23±4.73	22.50±3.15	3.80±0.24	87.33±7.01	720.67±8.79
20mL菌液	42.67±3.77	51.67±4.23	75.50±5.12	21.87±4.32	5.44±0.34	80.67±7.56	801.67±11.24
HMJ-2	37.00±2.13	59.00±3.36	63.93±5.34	19.40±4.79	4.37±0.27	87.67±6.98	772.67±10.26

表4-8　饲料中脱霉剂对生长肥育猪血清免疫球蛋白的影响　　　（g/L）

组别	IgA	IgG	IgM
正对照	1.196±0.08	9.311±0.12	0.914±0.01
负对照	1.025±0.03	8.237±0.14	0.808±0.02
蒙脱石	1.265±0.04	9.093±0.21	0.877±0.01
细胞壁	1.197±0.01	9.214±0.19	0.907±0.05
BAM脱霉剂	0.888±0.05	7.876±0.14	0.750±0.07
HMJ-1	0.988±0.02	8.168±0.15	0.780±0.10
20mL菌液	1.317±0.03	9.487±0.17	0.962±0.04
HMJ-2	1.039±0.04	8.269±0.11	0.824±0.14

三、讨论

猪是对呕吐毒素敏感的动物，断奶仔猪尤其敏感。研究表明，饲料中0.3~0.5mg/kg的毒素就会引起猪拒食、生长性能下降以及对传染病的抵抗力下降，饲料中含1mg/kg以上呕吐毒素时可引起猪拒食、嗜睡、生长严重受阻、体增重减慢、免疫机能减退、肌肉协调性丧失以及呕吐等症状。此外，呕吐毒素可在人和动物体内蓄积，具有致畸性、神经毒性、胚胎毒性和免疫抑制作用。在生产实践中，广大饲料生产商及养殖场对霉菌毒素脱霉剂是否有效以及使用剂量感到迷茫。我们设计1个正对照组（正常日粮）和负对照组（呕吐毒素污染日粮），以及6个不同霉菌毒素脱霉剂组。为了排除试验日粮原料、霉变条件不同而造成霉菌毒素污染日粮程度的差异，减少试验误差，本试验采用在相同全价饲料中直接添加呕吐毒素的方法，在试验过程中动态监测，保证每个试验组呕吐毒素水平的一致性。表4-8显示，负对照组试验猪平均日增重较差，说明霉菌及霉菌毒素对猪只生长性能有负面影响，与常顺华等的结论相同。在负对照组基础上添加不同厂家的霉菌毒素脱霉剂，其中细胞壁组与 HMJ-1 组与正组照组相比，试验猪平均日增重和采食量差异不显著（$P>0.05$）。这一结果说明，在呕吐毒素污染的情况下，添加霉菌毒素脱霉剂是有效的，霉菌毒素脱霉剂能够有效降低霉菌污染的危害，减少企业和养殖户由于饲料霉菌污染而无法使用的经济损失。

四、小结

本试验结果证明，霉菌毒素脱霉剂能够有效降低霉菌污染饲料的危害。为了尽可能地保障动物良好的生长性能，建议日粮中添加足够剂量的优质霉菌毒素脱霉剂。

第三节　不同吸附剂对饲喂呕吐毒素污染饲料保育猪试验研究
（南方猪场）

近年来，饲料被霉菌及其毒素污染的程度及范围日趋明显。霉菌毒素使畜禽的免疫机能和生产性能下降，长期处于亚健康状态，致使动物受疫病侵袭的风险大大提高。因此，降低和消除饲料中霉菌毒素对畜禽安全生产有着重要的意义。在饲料中添加脱霉剂产品已被广大养殖户接受，为探究不同脱霉剂对猪的实际效果，本试验选择 4 种脱霉剂对猪饲喂攻毒呕吐毒素饲料进行饲养试验，为养殖户选择脱霉剂时提供科学依据。

一、材料与方法

（一）试验材料

霉菌毒素脱霉剂：1 号（进口脱霉剂）；2 号（国产脱霉剂）；3 号（国产脱霉剂）；4 号（蒙脱石）。

（二）试验时间

试验自 2015 年 7 月 21 日开始，2015 年 8 月 26 日结束，其中前 8d 为预试过渡期，后28d为正式试验期。

（三）试验地点及条件

试验在江西上高某猪场进行，猪正常饲养，每日喂料3次，自由饮水。

（四）试验猪和日粮

试验猪为长白×大白杂交后的二元猪，体重接近。日粮配方、保健方案及免疫程序按该场的年度计划执行。

（五）试验方法

1. 试验分组

选择30头饲养密度、体重相近的育龄猪，分成6组，每组5头（表4-9）。

A组：正对照组，饲喂基础日粮。

B组：负对照组，饲喂基础日粮+DON（3 000μg/kg）。

C组：试验1组，饲喂基础日粮+DON（3 000μg/kg）和1号脱霉剂（1kg/t）。

D组：试验2组，饲喂基础日粮+DON（3 000μg/kg）和2号脱霉剂（1kg/t）。

E组：试验3组，饲喂基础日粮+DON（3 000μg/kg）和3号脱霉剂（1kg/t）。

F组：试验4组，饲喂基础日粮+DON（3 000μg/kg）和4号脱霉剂（1kg/t）。

表4-9 各组别情况

组别	初始重（kg）	头数	日龄	平均重（kg）
A	53.84	5	43	10.77
B	56.38	5	43	11.28
C	55.93	5	43	11.19
D	61.24	5	43	12.25
E	55.62	5	43	11.12
F	55.44	5	43	11.09

注：该日龄为正式试验时仔猪日龄

2. 测定项目

（1）生长表观。试验期间，每日留意观察猪群皮毛、粪便、生长速度等指标。

（2）生长性能指标。正式试验开始当天清早称取每窝猪初始重，试验结束第二天清早称取每窝猪末重。试验期间每日记录饲料消耗、腹泻、呕吐等情况，出现死亡及时称重，并记录相关信息。计算平均日增重、日采食量、料肉比、病亡率。

（3）DON测定。

饲料：正式期1d、8d、15d分别从各组料槽中采取饲料，检测DON含量（快速检测试剂盒）。

粪便：正试期1~7d每天收集各组的猪粪便1次（20g左右），尽量烘干水分，做好标记，进行DON含量检测；12d、13d、14d收集各组粪便，将各组3d的混合粪便进行DON含量检测（即12~14d所收集粪便混合做一次检测，19~21d粪便混合一次检测，26~28d粪便混合一次检测）。

（4）血液生化指标测定。各试验组在预试期7d和正式期28d采集血样，共采血样两次。血清样品的采集（早晨空腹）方法是：各组均随机取一头前腔静脉采血（约5mL）分装于5mL离心管中，自然析出血清，2 500r/min离心10min，用移液枪吸出血清，分装于1.5mL离心管中，置于-20℃冰箱保存，进行生化指标的测定，包括血清总蛋白（TP）、白蛋白（ALB）、谷丙转氨酶（ALT）、谷草转氨酶（AST）。

二、结果与分析

（一）生长表观

1. 皮毛

A组（正对照组）猪只皮毛较光滑，肤色红润，体型较为壮实，其余各组均表现皮毛粗乱且长，肤色较为苍白，且体型较为瘦弱，从皮毛肤色上看，对照组均较试验组好，而且试验组间表现较为接近，无明显差异。

2. 精神状况

所有组别猪只精神状况良好，无精神沉郁等表现。

3. 粪便

所有组别猪粪便外观形状等均无明显差别。

（二）对生长性能的影响

从表4-10和图4-5可以看出平均料肉比最高为E组，最低为C组，但是差异不明显。

表 4-10　各组平均料肉比

组别	头数	饲养天数（d）	末重（kg）	平均体重（kg）	总耗料（kg）	平均日增重（kg/d）	平均日采食量（kg/d）	平均料肉比
A	4	28	77.20	19.300	84.42	0.34	0.77	2.26
B	5	28	100.84	20.168	104.26	0.30	0.74	2.46
C	5	28	101.92	20.384	103.36	0.33	0.74	2.25
D	5	28	101.64	20.328	100.86	0.29	0.72	2.48
E	5	28	92.58	18.516	94.62	0.26	0.68	2.56
F	5	28	98.34	19.668	100.32	0.31	0.72	2.34

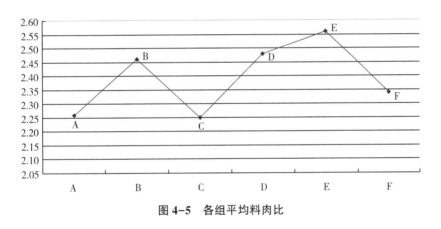

图 4-5　各组平均料肉比

　　在整个饲养过程中，E 组个别猪只生长发育较为缓慢，为大小差异最明显的组别。

　　从平均日增重来看，E 组为平均日增重最低的组别。试验中期时，E 组耗料量偏低，且个别猪生长状况较差，后期料量恢复正常。其余各组采食量均正常。

（三）对腹泻和病亡率的影响

　　在饲养过程中，只有 B 组 1 头猪出现腹泻症状；A 组 1 头猪死亡，为其他疾病导致（突然倒地、鸣叫、四肢呈划水状、脑膜炎等）。整个试验期间无呕吐猪只（表 4-11）。

表4-11　腹泻、呕吐、其他疾病、死亡率的比较　　　　　　　（%）

组别	腹泻率	呕吐率	其他疾病率	死亡率
A	0	0	20%	20%
B	20%	0	0	0
C	0	0	0	0
D	0	0	0	0
E	0	0	0	0
F	0	0	0	0

（四）对粪便DON排出量的影响

从表4-12可以看出，各试验组粪便中DON的平均排出率均高于正对照组，排出率最高的为B组（负对照组），E组次之，F组最低。

表4-12　饲料及粪便中DON排出率的检测结果　　　　　　　　（%）

组别	DON排出率				平均排出率
	第一周	第二周	第三周	第四周	
A	2.8	1.3	3.1	0.0	1.8
B	9.1	1.1	3.4	5.5	4.8
C	3.8	1.1	3.0	2.5	2.6
D	3.2	1.1	2.5	3.6	2.6
E	7.2	2.4	2.3	2.7	3.6
F	5.0	0.0	1.7	1.4	2.0

（五）对肝功能指标的影响

1. 对血清总蛋白（TP）的影响

试验期间，TP均低于标准范围62~85g/L，由表4-13可以看出，各组TP含量均高于A组对照组。TP含量随试验天数增加而上升。

28d，试验结束时，各组别间TP含量最高为B组，为54g/L，C组、D组、E组、F组含量居中，A组TP含量最低。

表4-13　各组TP的比较　　　　　　　　　　　　　　　　　（g/L）

组别	时间	
	试验前	试验后
A	45	47
B	49	54
C	46	49

（续表）

组别	时间	
	试验前	试验后
D	50	51
E	48	50
F	45	47

2. 对白蛋白（ALB）的影响

试验期间，ALB 均低于标准范围 35~55g/L。由表 4-14 可以看出，E 组 ALB 的含量无变化，其余各组 ALB 含量随试验天数增加而上升，其中 D 组从 21g/L 上升到 22g/L，变化较小。

28d 试验结束时，各组别中 ALB 含量最高为 A 组和 C 组，但各组差别不明显。

表 4-14　各组 ALB 的比较　　　　　　　　（g/L）

组别	试验前	试验后
A	22	24
B	20	23
C	19	24
D	21	22
E	23	23
F	16	20

3. 对谷丙转氨酶（ALT）的影响

ALT 标准范围为 0~40IU/L，由表 4-15 可以看出，试验期间，ALT 含量均高于正常范围，试验结束后，A 组和 B 组 ALT 含量增加，其他组别 ALT 含量均呈下降。28d 试验结束时，B 组 ALT 含量最低，A 组和 D 组 ALT 含量相对较高，其余各组相差不大。

表 4-15　各组 ALT 的比较　　　　　　　　（IU/L）

组别	时间	
	试验前	试验后
A	61	115
B	60	64
C	89	82
D	112	100
E	86	81
F	75	57

4. 对谷草转氨酶（AST）的影响

AST 标准范围为 0~37IU/L，试验期间，各组 AST 含量均高于正常范围，D 组含量最低（表4-16）。

表 4-16　各组 AST 的比较　　　　　　　　　　　　（IU/L）

组别	时间	
	试验前	试验后
A	72	74
B	61	68
C	72	73
D	52	60
E	73	69
F	93	79

三、小结

（一）对生长表观的影响

本试验中，A 组猪群生长发育情况最为良好，表观状况均较其余试验组健康。E 组为生长发育相对较差的猪群，个别猪只生长速度缓慢，导致整体体重较轻。综合评价，正对照组 A 组为最健康猪只。

（二）对生长性能影响

本次试验 A 组平均日增重和平均采食量均高于其余各组，且料肉比最优。

（三）对病亡率的影响

本次实验中，A 组死亡 1 头。B 组腹泻病例 1 头，C 组、D 组、E 组均无疾病发生，且健康状况较为正常。

（四）对 DON 排出率的影响

本次试验中，DON 平均排出率最高为 B 组（4.8%），其次为 E 组（3.6%），D 组和 C 组的平均排出率均为 2.6%。其余各组 DON 排出率均比 A 组对照组高。

（五）对肝功能的影响

试验期间各组 TP 均低于正常范围，TP 含量随试验天数增加而增加，B

组含量最高，D 组次之。

试验期间各组 ALB 均低于正常范围，且含量随试验天数增加而升高，除 E 组无明显变化外，其余各组 ALB 含量均随试验天数增加而升高，但是 D 组增幅最小。试验期间各组 ALB 均在正常范围内，组间无明显差异，且随着天数的增加而升高。

ALT 含量均高于正常范围，除 A 组和 B 组外，其余各组 ALT 含量均低于试验前。

四、结论

（1）通过本次试验，日粮呕吐毒素含量达到 3 000μg/kg 时，霉菌毒素脱霉剂对生长猪饲喂呕吐毒素攻毒饲料猪只的生长性能无明显作用，其中平均日增重正对照组最高，其余各组均略低于对照组，但是无显著差异。C 组料肉比较好，E 组最差。

（2）各种霉菌毒素脱霉剂对试验组猪只的血液生化指标也无显著性影响。

（3）霉菌毒素脱霉剂对粪便中呕吐毒素的排出率有影响，添加脱霉剂后，粪便中呕吐毒素含量降低，显著低于负对照组，说明脱霉剂降低了粪便中呕吐毒素的含量，推测脱霉剂对饲料呕吐毒素有一定的吸附效果。

第四节　不同吸附剂对饲喂玉米赤霉烯酮
污染饲料母猪试验研究

近年来，饲料原料被霉菌毒素污染的现象较为普遍，给养殖业带来了巨大的损失。玉米赤霉烯酮（Zearalenone，ZEA），主要由禾谷镰刀菌产生的一种非类固醇类的、具有雌激素活性的真菌毒素。因 ZEA 具有类雌激素样作用、生殖发育毒性、免疫毒性、细胞毒性、肝毒性，不仅使猪的繁殖功能严重受到影响，还会影响猪的免疫功能。因此，本试验研究几种 ZEA 的吸附效果，评价其对后备母猪生长性能和免疫功能的影响。

一、材料与方法

（一）试验时间和地点

试验时间为 2016 年 12 月 8 日至 2017 年 1 月 6 日，试验在河北省保定市唐县河北汉唐牧业有限公司进行。

（二）试验材料

ZEA 为加拿大的 TripleBond 公司生产，色谱纯，纯度保证值为 98%。霉菌毒素脱霉剂由市场购买。

（三）试验动物与管理

选择体重 30kg 左右的杜长大杂交后备母猪 64 头，按体重随机分为 8 个处理组，每个处理组有 8 个重复，每个重复有 1 头猪，圈舍面积 300cm×300cm。各处理组间初始体重差异不显著（$P>0.05$）。试验猪自由采食、自由饮水，试验预试期 7d，试验期 21d，每日分别于 8:00、11:30、17:30 饲喂，供料前观察猪的健康状况。按常规程序进行驱虫和免疫。

（四）基础日粮与试验设计

试验基础日粮组成和营养水平见表 4-17。试验 1 组饲喂基础日粮，其他试验组饲喂情况见表 4-18。

表 4-17　基础日粮组成和营养水平

日粮组成	含量	营养水平	含量
玉米（%）	66.00	代谢能（MJ/kg）	12.79
豆粕（%）	21.00	粗蛋白质（%）	17.40
麸皮（%）	5.00	钙（%）	0.78
膨化大豆（%）	4.00	有效磷（%）	0.30
预混料（%）	4.00	赖氨酸（%）	0.96
		蛋氨酸+胱氨酸（%）	0.60

注：粗蛋白质为实测值，其余为计算值

每千克日粮提供：维生素 A 12 000IU，维生素 D 2 000IU，维生素 E 40mg，维生素 K 1mg，维生素 B_1 1mg，维生素 B_2 3.7mg，维生素 B_6 3mg，维生素 B_{12} 0.02mg，烟酸 15mg，叶酸 0.6mg，泛酸 10mg，胆碱 250mg，锰 40mg，铁 100mg，锌 100mg，铜 180mg，碘 0.3mg，钴 1mg，硒 0.3mg

表4-18　试验设计分组

分组	脱霉剂添加量	日粮处理
试验1组	正对照组	基础日粮
试验2组	负对照组	基础日粮+玉米赤霉烯酮（ZEA）
试验3组	蒙脱石组0.25%	基础日粮+ZEA+蒙脱石
试验4组	脱霉剂1（低0.1%）	基础日粮+ZEA+脱霉剂1（低）
试验5组	脱霉剂1（中0.25%）	基础日粮+ZEA+脱霉剂1（中）
试验6组	脱霉剂1（高0.5%）	基础日粮+ZEA+脱霉剂1（高）
试验7组	脱霉剂2（0.25%）	基础日粮+ZEA+脱霉剂2
试验8组	脱霉剂3（0.25%）	基础日粮+脱霉剂3

（五）试验日粮的配制、养分含量和毒素水平的测定

1. ZEA污染日粮的配制

将4g色谱纯度（98%）晶体粉末状ZEA溶解在4L乙酸乙酯中溶解制成溶液，再将含有ZEA的乙酸乙酯溶液喷洒到4kg滑石粉载体上，并放置过夜使乙酸乙酯挥发，制成1 000mg/kg的ZEA预混剂，然后用不含毒素的396kg玉米粉进一步将1 000mg/kg的ZEA预混剂稀释成10mg/kg的ZEA预混剂，最后按照试验日粮中ZEA的设计水平，用ZEA预混剂替代配方中的玉米和载体配制成试验日粮。试验所需日粮需于试验正式开始前一周一次性配合完成，在试验前和试验结束后分别取样，用以分析日粮中的养分含量以及毒素水平。

2. 日粮毒素测定

（1）玉米赤霉烯酮饲料样品前处理。称取混匀约5.00g（精确到0.01g）样品于50mL离心管中，加入20mL提取液（乙腈/水/乙酸70∶29∶1，体积比），在摇床上以150r/min的速度混匀30min后，以6 000r/min离心10min；吸取500μL上清液，加入500μL纯水于1.5mL离心管内，涡旋混匀后，在4℃、12 000r/min离心10min，上清液用0.2μm PTEE滤膜过滤至样品瓶中，准备上机测样。

（2）高效液相色谱法检测饲料样品中的玉米赤霉烯酮。有机相为乙腈：水：甲醇（46∶46∶8）；水相为超纯水。检测条件如下：激发波长为236nm，吸收波长为460nm；柱温为最高32℃，进样量为10μL。先打开泵，用有机相冲洗柱子后，约20min平衡后，开始上样。

3. 常规营养测定

日粮常规养分含量按照文献的方法进行，粗蛋白质用凯氏定氮法测定。

4. 毒素水平的测定

试验开始前一次性配合完成所有试验饲料，取样进行检测基础日粮 ZEA 为 30μg/kg、攻毒日粮 ZEA 为 1 008μg/kg。

（六）数据记录

记录平均日增重、平均日采食量和料重比 3 项指标。

平均日增重（ADG）=增重/试验的天数

平均日采食量（ADFI）=总采食量/试验的天数

料重比（ADFI/ADG）=采食量/增重

（七）阴户的测量与计算

从正式试验期开始，每天观察猪只阴户发育情况，试验最后一天用游标卡尺测量阴户长度和宽度。母猪阴户俯视近似一菱形，使用菱形计算面积，公式为长×宽/2，比较各组母猪阴户的增大效果。

（八）样品采集

1. 血清样品的采集

在试验最后一天 18:00 母猪禁食。翌日早晨 8:00 对试验的 32 头母猪进行采血。于前腔静脉处使用真空采血管采血 20mL，采血后在 37℃ 水浴静置 30min，转入离心机 3 000r/min 离心 10min，分离血清，取得的血清标本编号后放入低温箱中暂存。所有血液样品 12h 内带回实验室进行样品指标的测定。

血液生化指标包括总蛋白（TP）、白蛋白（ALB）、免疫球蛋白、碱性磷酸酶（AKP）、谷氨酸脱氢酶（GLDH）、天冬氨酸转氨酶（AST）、谷酰转肽酶（GGT）、肌酸激酶（CK）以及血液样品中 ZEA 含量、血液雌激素、ZEA 在体内的代谢产物（生物标记物：α-玉米赤霉烯醇和 β-玉米赤霉烯醇）。

2. 器官样品的采集

试验结束时，每个处理组取 4 头母猪进行屠宰。母猪屠宰后，迅速取出心脏、肺脏、肝脏、肾脏、脾脏等器官，除去其表面脂肪等多余组织后随即称重，计算器官指数。

器官指数=器官重量/活体重

3. 粪便样品的采集

预试期前 7d 每个处理组每天收集 1 次，并把同一组粪便进行混合。12~

14d 期间每个处理组每天收集 1 次并将同一处理组的粪便进行混合。19~21d 期间每个处理组每天收集 1 次并将同一处理组的粪便进行混合。26~28d 期间每个处理组每天收集 1 次并将同一处理组的粪便进行混合。并检测上述混合样品中 ZEA 的含量。

（九）现场拍照

母猪屠宰后，迅速取出整个生殖器官，称重后将生殖器官摆放在背景纸上拍照记录。

（十）数据处理

采用 SPSS19.0 软件进行统计学处理。方差分析使用 Oneway ANOVA，多重比较采用 Duncan 法。

二、结果与分析

（一）生产性能指标

从表 4-19 可以看出，试验 2 组与试验 3 组平均日增重差异显著，其余各组之间无显著差异。试验 6 组料重比高于其他各组，试验 3 组次之。

表 4-19　ZEA 污染日粮添加霉菌毒素吸附剂对后备母猪生产性能的影响

项目	试验 1 组	试验 2 组	试验 3 组	试验 4 组	试验 5 组	试验 6 组	试验 7 组	试验 8 组
平均日增重（kg）	0.55 ± 0.11^{ab}	0.55 ± 0.20^{a}	0.33 ± 0.09^{b}	0.47 ± 0.30^{ab}	0.44 ± 0.09^{ab}	0.35 ± 0.08^{ab}	0.42 ± 0.05^{ab}	0.52 ± 0.17^{ab}
平均日采食量（kg）	1.92	1.91	2.01	1.92	1.97	2.20	2.03	2.01
料重比	3.50	3.43	6.03	4.03	4.43	6.16	4.73	3.83

注：同行字母不同组表示组间存在显著性差异（$P<0.05$），下表同

（二）阴户大小的测量指标

从表 4-20 可以看出，长、宽和面积直接均无显著性差异（$P>0.05$）。说明 ZEA 污染日粮添加霉菌毒素吸附剂没有影响到后备母猪阴户大小。

表 4-20　ZEA 污染日粮添加霉菌毒素吸附剂对后备母猪阴户大小的影响

项目	试验 1 组	试验 2 组	试验 3 组	试验 4 组	试验 5 组	试验 6 组	试验 7 组	试验 8 组
平均宽（cm）	2.68 ± 0.33	3.01 ± 0.61	3.14 ± 0.64	2.93 ± 0.51	3.16 ± 0.49	3.04 ± 0.61	2.91 ± 0.61	3.25 ± 0.55

（续表）

项目	试验1组	试验2组	试验3组	试验4组	试验5组	试验6组	试验7组	试验8组
平均长（cm）	3.43±0.77	3.71±0.47	3.69±0.37	3.5±0.44	3.62±0.48	3.55±0.51	3.29±0.64	3.73±0.41
平均面积（cm²）	4.65±1.47	5.7±1.85	5.87±1.75	5.19±1.42	5.83±1.59	5.52±1.78	4.94±1.96	6.15±1.67

（三）器官指数

从表4-21可以看出，各组的肝脏相对质量之间无显著差异（$P>0.05$）。6组脾脏与其他各组差异显著（$P<0.05$），且相对质量最高，达3.26g/kg；试验3组最低，为1.63g/kg，与试验1组无显著差异（$P>0.05$）。肾脏相对质量试验3组与试验8组有显著差异（$P<0.05$），与其他各组无显著差异（$P>0.05$），且试验3组最低，为3.43g/kg。卵巢的相对质量试验3组、5组、6组、8组与试验2组和7组有显著差异。

表4-21　ZEA污染日粮添加霉菌毒素脱霉剂对后备母猪器官指数的影响

项目	试验1组	试验2组	试验3组	试验4组	试验5组	试验6组	试验7组	试验8组
肝脏相对质量（g/kg）	18.94±3.21	17.04±3.84	18.37±4.30	19.51±3.18	17.62±2.72	19.7±1.24	17.24±2.72	17.42±2.05
脾脏相对质量（g/kg）	2.16±0.45[bc]	2.33±0.36[b]	1.63±0.18[c]	2.12±0.53[bc]	1.82±0.62[bc]	3.26±0.41[a]	1.87±0.36[bc]	2.11±0.27[bc]
肾脏相对质量（g/kg）	4.14±0.93[ab]	4.57±0.82[ab]	3.43±0.04[b]	4.01±0.67[ab]	4.26±0.44[ab]	4.34±1.1[ab]	3.73±0.14[ab]	5.54±2.99[a]
卵巢相对质量（g/kg）	0.07±0.00[ab]	0.10±0.07[a]	0.05±0.07[b]	0.08±0.00[ab]	0.05±0.03[b]	0.05±0.01[b]	0.10±0.01[a]	0.06±0.06[b]

（四）血清中ZEA的含量

从表4-22可以看出，动物血清中ZEA含量，试验2组与试验1组、试验3组、试验6组、试验7组、试验8组差异显著（$P>0.05$），说明这几组添加剂效果还是明显的。动物血清中α-ZOL和β-ZOL含量试验1组和2组差异性不显著（$P<0.05$），且β-ZOL各组间差异均不显著。

表4-22　ZEA污染日粮添加霉菌毒素脱霉剂对后备母猪血液中ZEA含量的影响

项目	试验1组	试验2组	试验3组	试验4组	试验5组	试验6组	试验7组	试验8组
ZEA	0.53±0.04[bc]	0.83±0.04[a]	0.53±0.03[bc]	0.71±0.15[ab]	0.64±0.15[ab]	0.35±0.04[c]	0.44±0.32[bc]	0.52±0.10[bc]

（续表）

项目	试验1组	试验2组	试验3组	试验4组	试验5组	试验6组	试验7组	试验8组
α-ZOL	1.1±0.18[a]	1.57±0.27[a]	1.53±0.30[a]	0.525±0.29[b]	0.155±0.04[b]	0.295±0.11[b]	0.63±0.57[b]	1.50±0.20[a]
β-ZOL	0.125±0.045[a]	0.05±0.09[a]	0.025±0.02[a]	0.045±0.01	0.02±0.02	0.09±0.08	0.06±0.10	0.01±0.02

（五）血清中总蛋白、白蛋白和IgG的含量

从表4-23可以看出，各试验组之间血清中总蛋白含量差异不显著（$P>0.05$），说明污染攻毒日粮中添加霉菌毒素脱霉剂对后备母猪总蛋白的含量没有影响。而各试验组之间白蛋白的含量，试验2组分别与试验5组、试验7组差异显著（$P<0.05$），说明试验5组和试验7组中添加的霉菌毒素脱霉剂相对于试验2组明显提高了白蛋白的含量。各试验组之间IgG的含量，试验2组与试验3组差异显著（$P<0.05$），说明试验3组中添加的霉菌毒素脱霉剂相对于试验2组明显降低了IgG的含量。

表4-23 ZEA污染日粮添加霉菌毒素吸附剂对后备母猪血清中总蛋白、白蛋白和IgG含量的影响

项目	试验1组	试验2组	试验3组	试验4组	试验5组	试验6组	试验7组	试验8组
总蛋白	72.074±4.463	69.151±3.934	74.250±0.889	78.534±7.373	77.310±7.097	78.670±5.214	80.438±5.527	74.522±2.613
白蛋白	38.706±4.383[ab]	32.846±5.158[b]	39.179±1.188[ab]	44.151±4.410[ab]	46.4±6.096[a]	41.842±0.854[ab]	46.222±2.482[a]	42.553±1.86[ab]
IgG	12.620±6.001[ab]	17.349±0.638[a]	5.195±3.848[b]	16.898±2.831[ab]	11.830±4.774[ab]	7.846±3.162[ab]	16.191±1.345[ab]	9.532±1.531[ab]

（六）血清中酶活的含量

从表4-24可以看出，各组试验之间血清中AKP、CK含量差异不显著（$P>0.05$），说明污染日粮中添加霉菌毒素吸附剂对后备母猪血清中AKP、CK的含量没有影响。各试验组之间GOT的含量，试验6组分别与试验1组、2组、4组、7组、8组差异显著（$P<0.05$），说明试验6组中添加的霉菌毒素吸附剂相对其他组明显提高了GOT的含量。各试验组之间GDH的含量，试验5组分别与其他各组差异显著（$P<0.05$），说明试验5组中添加的霉菌毒素吸附剂相对其他各组明显提高了GDH的含量。

表4-24 ZEA污染日粮添加霉菌毒素吸附剂对后备母猪血清中酶活含量的影响

项目	试验1组	试验2组	试验3组	试验4组	试验5组	试验6组	试验7组	试验8组
GT	66.736±5.010[a]	61.853±5.222[a]	58.984±1.726[a]	28.287±3.961[c]	60.457±6.053[a]	41.232±4.891[bc]	42.473±4.849[bc]	55.651±4.491[ab]
AKP	9.400±0.821	8.062±2.842	6.173±0.282	9.09±1.797	11.331±2.498	7.004±0.753	8.541±1.209	9.457±1.236

（续表）

项目	试验1组	试验2组	试验3组	试验4组	试验5组	试验6组	试验7组	试验8组
CK	1.574±0.149	1.875±0.436	1.678±0.436	1.651±0.392	1.246±0.097	2.17±0.562	1.770±0.099	1.718±0.356
GOT	21.351±4.312^b	24.272±2.471^b	37.103±11.145^{ab}	29.345±2.126^b	34.197±1.749^{ab}	49.360±9.274^a	22.368±2.878^b	19.707±4.554^b
GDH	11.025±0.9^b	8.325±1.475^b	10.575±1.575^b	10.799±2.434^b	22.275±3.955^a	14.399±4.55^b	13.05±1.622^b	12.15±0.39^b

（七）血清中雌激素的含量

从表4-25可以看出，血清中雌激素的含量试验1组、试验3组、试验6组与试验4组、试验7组差异显著（$P<0.05$），说明试验3组、试验6组相对于试验4组、试验7组中添加的霉菌毒素吸附剂明显降低了雌激素的含量。

表4-25　ZEA污染日粮添加霉菌毒素吸附剂对后备母猪血清中雌激素含量的影响

项目	试验1组	试验2组	试验3组	试验4组	试验5组	试验6组	试验7组	试验8组
雌激素	9.135±4.347^b	14.751±0.54^{ab}	5.881±3.133^b	21.244±2.612^a	15.150±5.248^{ab}	9.182±2.636^b	20.827±2.318^a	12.835±3.288^{ab}

（八）粪便样品中ZEA、α-ZOL和β-ZOL的含量

从表4-26可以看出，14d的混合样品来看，ZEA和α-ZOL中试验1组与其他各组差异显著（$P<0.05$），且含量最低；21d和28d的混合样品都表明，试验4组中ZEA、α-ZOL和β-ZOL含量都最高，说明脱霉剂吸附ZEA后从动物体内排出最多，试验4组中脱霉剂效果明显。

表4-26　粪便样品中ZEA、α-ZOL和β-ZOL的检测结果　（ng/g）

天数	指标	试验1组 正对照	试验2组 负对照	试验3组 蒙脱石	试验4组 脱霉剂1 （低）	试验5组 脱霉剂1 （中）	试验6组 脱霉剂1 （高）	试验7组 脱霉剂2	试验8组 脱霉剂3
14d	ZEA	21.95±0.19^g	68.69±0.84^a	70.30±1.49^a	51.30±0.61^c	64.39±0.65^b	33.02±0.07^f	42.64±0.28^e	49.59±0.50^d
	α-ZOL	16.85±0.31^f	38.51±1.03^c	36.125±0.74^d	42.59±0.28^b	49.37±0.56^a	34.76±0.12^d	19.66±0.02^e	38.50±1.41^c
	β-ZOL	1.935±0.06^e	2.68±0.12^d	3.04±0.04^c	5.59±0.25^a	5.07±0.02^b	1.88±0.04^e	1.31±0.10^f	2.46±0.18^d
21d	ZEA	24.58±0.51^f	44.40±0.43^c	68.04±1.78^a	69.57±1.27^a	46.58±0.67^b	26.13±0.38^f	37.17±0.22^d	33.41±0.14^e
	α-ZOL	14.99±0.71^f	32.25±1.27^c	32.18±0.72^c	63.99±1.00^a	34.32±0.11^b	15.29±0.59^f	22.31±1.14^e	26.48±0.60^d
	β-ZOL	2.06±0^e	2.32±0.04^d	3.52±0.02^b	6.19±0.07^a	1.88±0.02^f	1.30±0.07^g	1.95±0.49^{ef}	2.78±0.02^c
28d	ZEA	23.16±0.24^g	61.69±1.67^c	55.27±0.43^d	74.89±0.14^a	65.25±0.68^b	52.66±0.12^e	61.88±0.20^c	36.76±0.20^f
	α-ZOL	14.36±0.40^g	40.56±0.76^d	44.98±0.45^b	68.50±1.13^a	46.29±0.25^b	34.87±0.30^e	43.21±0.89^c	33.18±0.04^f
	β-ZOL	2.64±0.01^d	2.82±0.05^c	3.58±0.02^b	10.02±0.03^a	3.54±0.03^b	2.85±0.08^c	2.11±0.03^f	2.46±0.14^e

从表 4-22 和表 4-26 血液与粪便中 ZEA 含量对比来看，血液中 ZEA 含量低，不一定会在粪便中含量高，这可能是因为 ZEA 会通过其他途径比如尿液代谢的缘故。

三、结论

（1）ZEA 污染日粮添加蒙脱石吸附剂能够降低后备母猪平均日增重，增加料重比。

（2）ZEA 污染日粮添加霉菌毒素吸附剂没有影响后备母猪阴户大小。

（3）ZEA 污染日粮试验 3 组、试验 5 组、试验 6 组、试验 8 组能够明显减少母猪卵巢的相对重量，降低了 ZEA 对卵巢的毒性。

（4）添加脱霉剂 1（0.5%）吸附剂血清中 ZEA 含量最少，说明脱霉剂 1 高组效果最好。

（5）ZEA 以及 ZEA 污染日粮添加霉菌毒素吸附剂没有影响到肝脏的蛋白质合成，没有对母猪免疫功能产生负面影响。但在攻毒后添加霉菌毒素吸附剂，试验 5 组和试验 7 组提高了血清中白蛋白的含量。

（6）ZEA 没有影响到血清中酶活的含量，但部分吸附剂能够改变血清中的酶活，比如脱霉剂 1 高组能够提高 GOT 含量、降低 GT 含量。

（7）通过粪便样品检测，总体上看试验 4 组脱霉剂 1（低 0.1%）脱霉剂效果相对于其他各脱霉剂效果好，尤其是在 21d 和 28d 混合样品的检测上看，效果最好。

（8）ZEA 污染日粮添加霉菌毒素脱霉剂对母猪血清中雌激素含量影响不大。

第五节　一株枯草芽孢杆菌对饲喂玉米赤霉烯酮污染日粮后备母猪的脱毒效果研究

一、材料与方法

动物试验于 2019 年 10 月 8 日至 2019 年 11 月 11 日在河北省邢台市

进行。

（一）试验材料

枯草芽孢杆菌 ZJ-2019-1，在 LB 培养基中培养后，添加到饲料中用于降解 ZEA 活菌数为 7.2×10^{10} cfu/mL。在实验条件下，初步认为其具有降解 ZEA 的能力。

（二）ZEA 污染的饲料原料

由河南省开封市供给的玉米样本，经毒素检测分析，选取一种仅被 ZEA 污染的霉变玉米，其中 ZEA 含量为 1 158.67μg/kg，其余毒素均未检出。

（三）试验动物与管理

试验选用平均体重为 20.67kg±3.65kg 的杜洛克×长白×大约克夏三元杂交后备母猪 24 头，分为 4 个处理组，每个处理组有 6 个重复，每个重复有 1 头猪，各处理间初始体重差异不显著（$P > 0.05$）。试验在河北省邢台市某猪场进行。猪舍内每个圈都配有自动饮水器和料槽。试验开始前对猪舍进行全面清扫和消毒，试验期间定期清理粪便和通风，保持猪舍卫生干净和空气流通。试验猪养于相邻圈内，自由运动、采食和饮水，每日喂料 2 次（8:00 和 17:00）。试验期 28d，包括预饲期 7d 和正式期 21d。

（四）试验设计与试验日粮

1. 试验设计

试验分为 4 个处理，其中对照组（C）饲喂正常基础日粮，处理组 1（T1）饲喂 ZEA 污染日粮，处理组 2（T2）在 T1 的基础上每天添加 180mL 菌液（30mL/只，活菌量为 7.2×10^{10} cfu/mL），处理组 3（T3）在 T1 的基础上添加 2kg/t 的喷雾干燥菌剂（活菌量为 1×10^{11} cfu/g）。具体试验设计见表 4-27。试验日粮由饲料厂统一严格配制，其中基础日粮的营养浓度达到 NRC（1988）的最低要求。在试验前取样，分析日粮中的营养成分含量和毒素水平。基础日粮配方及营养水平见表 4-28。

表 4-27　试验设计

分组	日粮处理	头数
对照组（C）	基础日粮	6
处理组 1（T1）	污染日粮	6

（续表）

分组	日粮处理	头数
处理组 2（T2）	污染日粮+菌液	6
处理组 3（T3）	污染日粮+喷雾干燥菌剂	6

注：污染日粮为被 ZEA 污染的玉米+预混料按比例配成，经测定其 ZEA 含量为 970μg/kg

表 4-28 基础日粮配方及营养水平

原料	原料配比（%）	营养水平	含量
玉米	51.00	总能（MJ/kg）	12.79
小麦麸	5.00	粗蛋白质（%）	18.83
乳清粉	5.50	赖氨酸（%）	1.18
豆粕	14.00	蛋氨酸（%）	0.43
棉籽粕	6.00	含硫氨酸（%）	0.68
玉米胚芽粕	3.00	苏氨酸（%）	0.81
膨化全脂大豆	5.00	色氨酸（%）	0.23
鱼粉	5.50	钙（%）	0.72
石粉	0.80	总磷（%）	0.65
豆油	2.50	—	—
食盐	0.30	—	—
磷酸氢钙	0.40	—	—
预混合料[1]	1.00	—	—
总计	100.00		

注：每千克提供维生素 A 14 000IU；维生素 D_3 2 200IU；维生素 E 16IU；维生素 K_3 2.2mg；维生素 B_1 2.3mg；维生素 B_2 4.5mg；维生素 B_5 13mg；烟酸 26mg；泛酸 14mg；叶酸 0.6mg；铜 60mg；铁 140mg；锌 60mg；锰 20mg；硒 0.40mg；碘 0.21mg

（五）样品采集与指标测定

1. 屠宰试验及样品采集

试验结束前 12h，动物禁食。于屠宰前进行前腔静脉采血，使用真空采血管采集前腔静脉血 10mL。血液样品在 37℃ 水浴静置 30min，转入离心机 3 000r/min 离心 10min，分离出血清并分装到 1.5mL 离心管中，置 -20℃ 保存，用于检测血清激素水平和 ZEA 及主要代谢产物含量。

采集尿液于真空管中，置-80℃保存，用于检测样品中 ZEA 及其主要代谢产物含量。屠宰后，分离心脏、肝脏、肾脏、脾脏以及生殖器官（子宫卵巢）并称重，计算器官指数。取子宫、卵巢及肝脏相同部位组织块，迅速浸入 10%中性缓冲福尔马林中固定，待做组织切片。

2. 生产性能测定

每天记录母猪的采食量与剩料量，试验前后对母猪进行称重。根据以上数据计算平均日增重（ADG）、平均日采食量（ADFI）和料重比（F/G）。

3. 阴户面积测量与计算

试验开始后每天观察并记录母猪阴户红肿情况，并于试验 1d、14d、27d 用游标卡尺测量阴户长（a）和宽（b），并计算阴户面积（图4-6）。

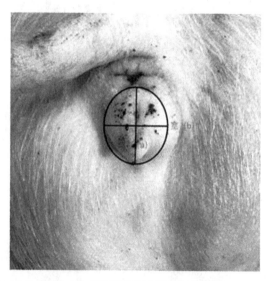

图4-6　猪阴户大小测量与计算

4. 器官采集与处理

每个试验组随机选取 3 头猪进行放血屠宰，打开体腔，迅速剥离心脏、肝脏、肾脏、脾脏以及生殖器官（子宫卵巢）并称重，计算器官指数。器官指数（g/kg）＝器官重量（g）/活体重量（kg）。

5. 血清生化指标测定

血清生化指标检测委托北京金海科隅生物科技发展有限公司测定。血清中总蛋白（TP）：总蛋白试剂盒（双缩脲比色法）；白蛋白（ALB）：白蛋白试剂盒（溴甲酚绿法）；免疫球蛋白（IgG）：猪免疫球蛋白 IgG/A/M 测定试剂盒；谷氨酸脱氢酶（GLDH）：谷氨酸脱氢酶试剂盒（分光光度法）；生殖激素指标：促卵泡生成素（FSH）、促黄体素（LH）、雌二醇（E2）、催乳素（PRL）和黄体酮（P）均采用 ELISA 检测试剂盒。

6. 血清/尿液样品中 ZEA 及其主要代谢产物含量的测定

首先对样品进行前处理，称取血清/尿液样品 0.5mL 进行样品酶解，加入 5μL 内标（13C-ZEA 1mg/L）、1.5mL 0.2M 乙酸铵缓冲液和 20μL 葡萄糖醛苷酸/硫酸酯酶，55℃气浴振荡器中振荡 2h。

内标配制方法：取 40μL 25μg/L ZEA 内标+960μL 乙腈，配制成 1mg/L ZEA 内标工作液。

然后进行样品净化，将酶解后的样品加入 6mL 0.1% 甲酸乙腈，2 000r/min 涡旋 1min，置于 4℃冰箱内冷藏 20min，再加入 0.4g 氯化钠和 1g 无水硫酸镁，2 000r/min 涡旋 1min，8 000r/min 离心 5min。静置片刻，量取上层溶液 6mL（如不够，尽量把全部上层溶液吸取出，避免取到下层水相）置于 10mL 具塞塑料离心管中，加入 QuECHERs 净化材料 500mg（C18 200mg，PAS 和 A－AL 各 100mg）和无水硫酸镁 200mg，2 000r/min 涡旋 1min，8 000r/min 离心 5min，精密量取滤液 4.8mL 置于 10mL 塑料离心管中，真空浓缩仪中 60℃、1 500r/min 抽干，用 0.1%甲酸/甲醇/水（0.1/50/49.9，V/V/V）溶解残渣，置于锥形底进样瓶中。

使用液相-质谱联用检测提取物中 ZEA 及其主要代谢产物 α-ZOL、β-ZOL 的含量，测定委托中国农业科学院农业质量标准与检测技术研究所测定。

7. 组织器官形态学观察

（1）切片的制作。

修块：将固定液中固定好的肝脏、子宫和卵巢组织修成大小一致、均匀的块状放入包埋盒中，放于流水中冲洗至组织原色，期间每隔 6h 进行一次换水。

脱水：将冲洗完的组织块逐级放入 70%、80%、85%、90%、95%、100%（两道）无水乙醇各 1h 进行梯度脱水，其中在放入 95%梯度之前要把组织块尽量弄干。

透明：将脱水完成的组织块放入二甲苯中透明（两道），第一道 2min、第二道 5min 左右，时间以组织透明完全为准。

浸蜡、包埋、固定：将透明好的组织块迅速放入彻底融化的石蜡中，在 62.5℃的恒温箱中浸蜡 3h，时间长短与组织块大小有关；往铁模具中倒入蜡液，用镊子将组织块放入石蜡中，要注意放置的位置与方向，用蜡液浸满，放在冷冻台上冷冻；冷却后进行修块，修成规整的梯形，固定于蜡块托上。

切片：包埋好后修块，用切片机（LEICA RM2235，Germany）进行切片，片厚 5~6μm。用毛笔收集切好的组织切片放在载玻片上，滴上 50% 酒精用刀片进行分割，再放入 40℃ 恒温水槽中展片，延展好后用载玻片收集。切片后，放入 37℃ 烘箱烘干。

（2）HE 染色。

脱蜡：将制作好的组织切片逐级进过二甲苯（两道）、二甲苯：酒精（1:1）、100% 酒精、95% 酒精、90% 酒精、80% 酒精、70% 酒精、蒸馏水，每个梯度 15min，在室温中每个梯度 10min。

苏木素染色：将组织切片放入苏木素中染色 5~6min，取出流水冲洗至不脱色，然后放入 1% 盐酸酒精中分化 2~3s，最后放入清水中蓝化 30min（染色时间不定，根据染液的新旧以及核的变色程度决定）。

伊红染色：蓝化好的组织切片放入 85% 酒精中（两道）2min 左右，取出放入 1% 伊红染液染色 30~60s，然后依次经过 95% 酒精 3min、100% 酒精（两道）1~2min，二甲苯（两道）中各透明 5min，最后用中性树胶封片。

（3）形态学观察。采用 Nikon ELIPSE 80i 共聚焦荧光显微镜（日本）观察肝脏、子宫、卵巢的形态学结构，拍照并测量子宫内膜和肌层的厚度，求取平均值。

（六）数据处理与分析

试验数据分析采用 SPSS 26.0 统计软件进行单因素方差分析（One way ANOVE），差异显著性分析采用 Duncan 氏法进行多重比较，以 $P<0.05$ 作为各项差异显著的检验水平，结果以"平均值±标准差"表示。

二、结果与分析

（一）枯草芽孢杆菌 ZJ-2019-1 对采食 ZEA 污染日粮后备母猪生产性能的影响

表 4-29 显示，28d 试验结束后，4 个处理组之间后备母猪的平均日增重、平均日采食量和饲料转化率均没有显著差异（$P>0.05$）。这表明 ZEA 含

量为970μg/kg自然霉变日粮对后备母猪的生产性能没有显著的影响。

表4-29　枯草芽孢杆菌 ZJ-2019-1 对采食 ZEA 污染日粮后备母猪生产性能的影响

组别	IBW 始重（kg）	FBW 末重（kg）	平均日增重 ADG（kg）	平均日采食量 AFDI（kg）	料重比 F/G
C	20.60±2.58	30.60±2.54	0.34±0.00	0.75±0.05	2.17±0.14
T1	21.00±5.09	31.32±4.90	0.36±0.02	0.77±0.053	2.16±0.09
T2	21.72±2.79	32.96±2.67	0.39±0.04	0.79±0.10	2.03±0.05
T3	19.36±4.38	27.88±7.85	0.29±0.16	0.62±0.28	2.24±0.18
P 值	0.805	0.461	0.366	0.342	0.302

（二）枯草芽孢杆菌 ZJ-2019-1 对采食 ZEA 污染日粮后备母猪阴户面积的影响

由图4-7可知，试验开始1~3d各组间后备母猪阴户面积均没有出现显著差异（$P>0.05$），且没有出现明显的红肿现象。试验3~14d，试验组后备母猪的阴户面积高于对照组，且出现红肿现象，并且 T1 处理组明显高于其他组。试验27d，T1 处理组中后备母猪的阴户面积仍高于对照组和 T2、T3 处理组，红肿现象仍未消失，而 T2、T3 处理组后备母猪的阴户面积已经恢复，与对照组趋于一致。

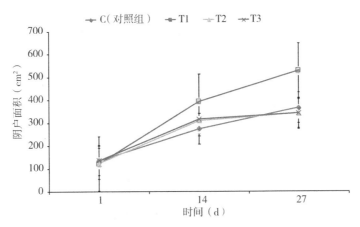

图4-7　枯草芽孢杆菌 ZJ-2019-1 对采食 ZEA 污染
日粮后备母猪阴户面积（cm²）的影响

（三）枯草芽孢杆菌 ZJ-2019-1 对采食 ZEA 污染日粮后备母猪器官指数的影响

由表 4-30 可知，与对照组 C 相比，T1 处理组（ZEA 含量为 970μg/kg）后备母猪心脏、肝脏、脾脏、肾脏和肺器官指数并没有显著改变（$P>0.05$），但是生殖器官（子宫+卵巢）器官指数显著增加（$P<0.05$）。而在 T1 处理组日粮基础上添加 ZJ-2019-1 菌液和菌剂（T2、T3 处理组）显著降低了生殖器官指数，明显改善了器官肿大症状，与对照组水平趋于一致。

表 4-30 枯草芽孢杆菌 ZJ-2019-1 对采食 ZEA 污染
日粮后备母猪器官指数的影响

组别	器官指数					
	心脏	肝脏	脾脏	肾脏	肺	生殖器官
C	4.40±0.34	24.89±0.19	1.69±0.33	4.02±0.41	14.01±2.56	1.51±0.27[b]
T1	4.25±0.34	28.17±3.58	1.59±0.11	3.62±0.46	16.70±1.27	2.52±0.34[a]
T2	4.22±0.34	25.68±2.17	1.70±0.17	4.17±0.76	17.98±3.18	1.59±0.45[b]
T3	3.69±0.72	20.24±3.97	1.55±0.61	3.52±1.45	13.64±1.71	1.53±0.67[b]
P 值	0.32	0.07	0.95	0.77	0.13	0.02

（四）枯草芽孢杆菌 ZJ-2019-1 对采食 ZEA 污染日粮后备母猪血清中生化指标的影响

由表 4-31 可知，T1、T2、T3 处理组与对照组相比，血清中 TP、IgG、GLD、FSH 和 P 的水平没有显著差异（$P>0.05$）。而 T1 组 ALB 水平显著低于对照组（$P<0.05$），在 T1 组基础上添加了 ZJ-2019-1 的 T2、T3 处理组基本可维持血清 ALB 水平达到对照组水平，T3 处理组更优。T1 处理组与对照组相比，血清中 LH 和 E2 水平均显著降低（$P<0.05$），但 T2、T3 处理组血清中 LH、E2 和 PRL 含量显著高于 T1 组（$P<0.05$），其中 LH 含量与对照组趋于一致（$P>0.05$）。T1 处理组与对照组相比，血清中 PRL 水平显著升高（$P<0.05$），但 T2、T3 处理组血清中 PRL 含量低于 T1 组，且与对照组趋于一致。

表 4-31 枯草芽孢杆菌 ZJ-2019-1 对采食 ZEA 污染日粮后备
母猪血清中生化指标的影响

组别	总蛋白 TP (g/L)	白蛋白 ALB (g/L)	免疫球蛋白 IgG (g/L)	谷氨酰胺脱氢酶 GLD (IU/mL)	促卵泡激素 FSH (mIU/mL)	促黄体素 LH (mIU/mL)	雌二醇 E2 (pg/mL)	催乳素 PRL (mIU/L)	黄体酮 P (ng/mL)
C	60.66±2.02	34.07±0.93[a]	8.30±0.11	18.33±0.22	16.23±1.02	12.99±1.01[a]	53.80±6.04[a]	68.46±9.83[c]	4.10±3.68
T1	60.85±2.38	30.76±1.86[b]	8.21±0.03	19.29±0.45	14.97±0.38	11.46±0.84[b]	35.85±8.05[c]	109.88±9.79[a]	3.24±0.68
T2	62.58±1.44	32.46±1.03[ab]	8.28±0.08	18.66±0.54	16.09±1.16	12.10±2.07[a]	36.48±3.56[b]	78.32±7.56[b]	3.10±0.35
T3	63.97±2.23	33.06±0.60[a]	8.32±0.04	18.37±0.21	16.59±0.49	12.08±0.22[a]	37.22±7.73[b]	78.24±7.97[b]	3.55±0.86
P 值	0.11	0.03	0.30	0.06	0.08	0.04	0.001	0.00	0.85

（五）枯草芽孢杆菌 ZJ-2019-1 对采食 ZEA 污染日粮后备母猪血清/尿液中 ZEA 及其代谢产物含量的影响

由表4-32 可知，T1、T2、T3 处理组与对照组相比，血清中 ZEA 及其代谢产物 α-ZOL、β-ZOL 的含量均显著性增加（$P<0.05$），其中 T2、T3 组与 T1 组相比含量降低，但没有显著改变（$P>0.05$）。

表 4-32 枯草芽孢杆菌 ZJ-2019-1 对采食 ZEA 污染日粮后备
母猪血清中 ZEA 及其代谢产物含量的影响

组别	ZEA	α-ZOL	β-ZOL	ZEA+α-ZOL+β-ZOL
C	0.12±0.05[b]	0[b]	0	0.12±0.05[b]
T1	2.94±1.18[a]	2.42±0.54[a]	0	5.36±1.37[a]
T2	2.80±1.28[a]	2.24±0.63[a]	0	5.04±1.46[a]
T3	2.88±0.55[a]	1.69±1.57[a]	0	4.57±1.21[a]
P 值	0.002	0.009		0

由表4-33 可知，T1 处理组与对照组相比，尿液中 ZEA 及其代谢产物 α-ZOL、β-ZOL 的含量均显著性增加（$P<0.05$），而 T2、T3 处理组已恢复至正常水平，含量与对照组趋于一致（$P>0.05$），其中 T2 组效果更优。

表 4-33 枯草芽孢杆菌 ZJ-2019-1 对采食 ZEA 污染日粮后备
母猪尿液中 ZEA 及其代谢产物含量的影响

组别	ZEA	α-ZOL	β-ZOL	ZEA+α-ZOL+β-ZOL
C	11.70±0.34[b]	6.50±0.57[b]	2.28±0.22[b]	20.48±0.14[b]
T1	139.01±5.33[a]	59.92±0.61[a]	11.89±1.25[a]	210.82±3.18[a]
T2	13.13±3.43[b]	6.92±0.29[b]	0[b]	20.05±3.72[b]

（续表）

组别	ZEA	α-ZOL	β-ZOL	ZEA+α-ZOL+β-ZOL
T3	21.07±2.49[b]	7.40±0.54[b]	1.11±0.157[b]	29.58±7.61[b]
P 值	0	0.04	0.01	0.002

（六）枯草芽孢杆菌 ZJ-2019-1 对采食 ZEA 污染日粮后备母猪组织形态学的影响

1. 肝脏组织学观察

在进行屠宰试验时，对肝脏进行的临床观察没有发现明显的病变。通过对肝脏组织进行病理学组织切片分析发现，在 100 倍显微镜下（图 4-8），T1 处理组与对照组相比，细胞质变浅，肝小叶微缩，结缔组织增多，炎性细胞增多（图 4-8A）。而添加了菌液和菌剂的 T2、T3 处理组中，细胞损伤情况减轻（图 4-8B，图 4-8C）。在 400 倍显微镜下（图 4-9），T1 处理组与对照组相比，出现了严重的细胞水肿，气球样变性（图 4-9D）。而添加了菌液和菌剂的 T2、T3 处理组与 T1 组相比，细胞水肿程度减轻，但仍有颗粒变性（图 4-9E，图 4-9F）。

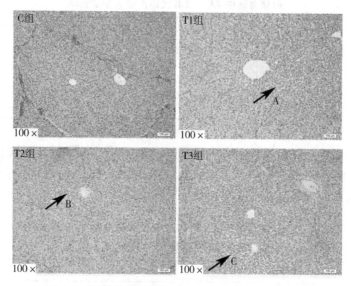

图 4-8　不同处理组中肝脏组织病理学切片（100×）

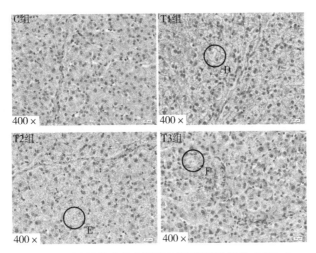

图4-9　不同处理组中肝脏组织病理学切片（400×）

注：图4-7和图4-8中的字母A、B、C、D、E、F表示ZEA引起后备母猪肝脏组织学变化

2. 子宫组织学观察

在进行屠宰试验时，对子宫进行的临床观察发现T1组子宫肿大。在40倍显微镜观察下（图4-10），T1组与对照组相比，子宫内膜、肌层明显增厚，腺体增多，而在T1处理组基础上添加了降解菌的T2、T3组基本已恢复对照组水平。在400倍显微镜下观察上皮细胞（图4-11），发现T1组与对照组相比，上皮细胞增厚并且排列散乱，而T2、T3组上皮细胞较正常。在400倍显微镜下观察内膜中腺体（图4-12），T1组与对照组相比，单位面积内腺体增多，且有空泡状，而T2、T3组加了降解菌后单位面积内腺体减少，且空泡化减少。由表4-34可知，T1组子宫内膜、肌层厚度显著高于对照组（$P<0.05$），T2、T3组水平与对照组趋于一致。

表4-34　枯草芽孢杆菌ZJ-2019-1对采食ZEA污染日粮后备
母猪子宫内膜厚度、肌层厚度的影响

	内膜厚度	肌层厚度
C（对照组）	1 103.42±112.24[b]	873.69±55.18[b]
T1	1 574.15±300.40[a]	1 102.22±148.33[a]
T2	1 127.37±189.61[b]	936.32±137.74[ab]
T3	1 218.46±304.97[b]	815.24±229.85[b]
P值	0.03	0.05

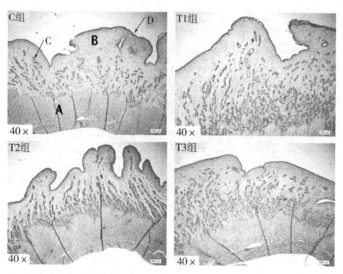

图 4-10　不同处理组中子宫组织病理学切片（40×）

A. 肌层　B. 内膜　C. 腺体　D. 上皮

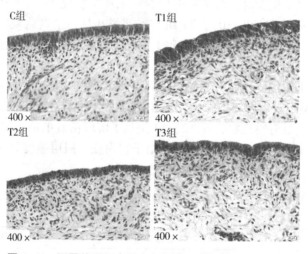

图 4-11　不同处理组中子宫组织病理学切片（400×上皮）

3. 卵巢组织学观察

在 100 倍显微镜下观察（图 4-13）可知，T1 处理组出现卵泡性囊泡（图 4-13B），且颗粒细胞层不会与间质脱离，成为异常的生长卵泡。卵泡性囊泡是指卵泡在成熟过程中，卵细胞消失，卵泡没有破裂而形成的囊泡。由

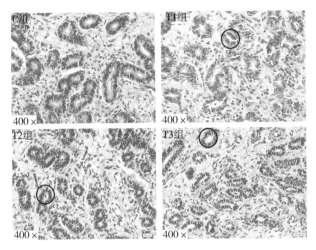

图4-12　不同处理组中子宫组织病理学切片（400×腺体）

于卵泡只发育而不破裂，结果不能形成黄体，因而造成母畜只发情而不能受胎。T2、T3处理组有异常的生长卵泡（图4-13C，图4-13D），也有很多正常的卵泡，且生长卵泡体积变小，颗粒层回缩，逐渐恢复与对照组一致，表示中毒程度有所减轻，但卵细胞消失这种损伤是不可逆的。

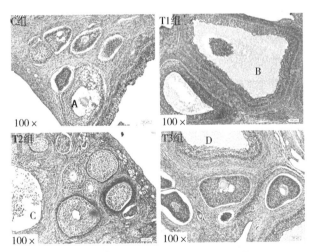

图4-13　不同处理组中卵巢组织病理学切片（100×）

A. 成熟卵泡　　B，C，D. 异常的生长卵泡

三、结论

（1）日粮中含有 970μg/kg 的 ZEA 以及污染日粮中添加了枯草芽孢杆菌 ZJ-2019-1 对后备母猪的生产性能均无影响。

（2）后备母猪采食 ZEA 污染日粮后可导致阴户红肿、生殖器官指数增加；而枯草芽孢杆菌 ZJ-2019-1 处理后的污染日粮被后备母猪采食后可以显著缓解中毒症状。

（3）后备母猪采食 ZEA 污染日粮后可导致血清中 ALB、LH 和 E2 水平降低；PRL 水平升高，但是对 TP、IgG、GLD、FSH 和 P 水平没有显著影响；而枯草芽孢杆菌 ZJ-2019-1 处理后的污染日粮被后备母猪采食后能减轻影响。

（4）添加了枯草芽孢杆菌 ZJ-2019-1 的污染日粮被后备母猪采食后可以有效降低血清和尿液中 ZEA 及其主要代谢产物的含量。

（5）后备母猪采食 ZEA 污染日粮后可导致肝脏、子宫和卵巢出现不同程度的细胞损伤；而枯草芽孢杆菌 ZJ-2019-1 处理后的污染日粮被后备母猪采食后缓解了 ZEA 对细胞的损伤程度，但是在卵巢中，卵细胞消失这种损伤是不可逆的。

第六节　一株梭状芽孢杆菌对饲喂呕吐毒素污染日粮生长猪的解毒效果研究

一、试验设计

基础日粮参考 NRC（2012）营养标准配制，日粮组成及营养水平见表 4-35。污染日粮在基础日粮中添加 5mg/kg 的 DON 粗品（呕吐毒素大米）。试验所需日粮于试验正式开始前 7d 一次性配制完成。饲料中 DON、AFB_1、ZEA 和 FB_1 均由中国农业科学院农业质量标准与检测技术研究所采用 LC-MC/MC 检测方法检测，具体含量见表 4-35。

表4-35　试验日粮组成、营养水平及常见霉菌毒素含量

原料成分（%）	基础日粮	营养水平（%）	基础日粮
玉米	60.00	干物质	85.40
豆粕	23.00	粗灰分	4.79
膨化大豆	2.00	钙	0.63
		有效磷	0.57
浓缩料	15.00	粗纤维	53.75
合计	100.00	粗蛋白质	16.67
		粗脂肪	3.78
霉菌毒素含量（μg/kg）	基础日粮	DON添加组	
呕吐毒素（DON）	471.20	5 429.31	
黄曲霉毒素（AFB_1）	1.56	3.42	
玉米赤霉烯酮（ZEA）	256.30	283.98	
伏马毒素（FB_1）	145.16	210.16	

试验采用单因子试验设计，选取4月龄体重为55.58kg±1.83kg的健康PIC父母代生长猪24头，随机分为3组，每组8个重复，每个重复1头猪，组间初始体重差异不显著（$P>0.05$）。对照组饲喂基础饲粮；DON组饲喂5mg/kg DON污染日粮；DON+C组在饲喂污染饲料的基础上，添加梭状芽孢杆菌WJ106（Clostridium sp. WJ106）15mL/kg。每日早上喂食之前将梭状芽孢杆菌与少量饲料完全混合，等混合料吃完后再饲喂污染日粮，期间自由采食和饮水，饲养和免疫按常规程序进行。预试期7d，正试期28d。饲养试验在山东省孔家庄农场进行，猪舍采用地暖，保持室内恒温25℃，舍内相对湿度为65%左右。每天上午、下午2次记录剩料量、浪费料量，出现腹泻、呕吐等情况及时记录，出现死亡及时称重。在试验的14d、21d和35d，收集18头猪（每处理6头猪）的尿液和粪便。每一阶段的粪便样品等量混合，烘干后于-80℃超低温冰箱中保存备用；采集的尿液需离心去除沉积物（离心条件为2 000r/min，10min，4℃），上清分装。将每一阶段的尿液样品等量混合后置于冻存管中-80℃超低温冰箱中保存备用。

试验21d和35d，每组随机选6头试猪，于空腹时经左颈静脉采血。血液样本被收集到含有EDTAK2的试管中作为血液分析的抗凝剂。血液3 000r/min离心10min后取血清，置-20℃保存待分析。

试验结束后，每组屠宰3头，将猪电击、放血致死。剖开腹腔后迅速将各个肠段结扎分离，用无菌刀片切取十二指肠、空肠、回肠、盲肠和结肠组

织（各肠段中段取样）约 2cm，并迅速放入含 2.5% 戊二醛的固定液中。同时，采集回肠、盲肠和结肠的肠内容物并立即置于液氮中保存。

二、指标测定

（一）生产性能的测定

1. 平均日增重（ADG，g/d）

正试期当天于晨饲前空腹称重作为试验始重，试验结束后空腹称重作为试验末重。试验末重和试验始重之差再除以试验天数即为试验期的平均日增重（ADG）。

2. 平均日采食量（ADI，g/d）

提前称出每天的供料量，每日分别在 8: 00 和 17: 00 供料两次。第二天供料前收集前一天的剩料（包括浪费料）并称重，供料量与剩余料之差即为每天的采食量。正试期总采食量除以试验天数即为试验期的平均日采食量（ADI）。

3. 料重比（F/G）

平均日采食量与平均日增重之比。

（二）血液指标的检测

通过血液分析仪（Diatron®，奥地利）测定常规血液学参数，包括红细胞（RBC）、血红蛋白（HGB）、白细胞（WBC）、粒细胞（GRAN）、淋巴细胞（LYM）、中间细胞（MID）、血小板（PLT）和红细胞比积（PCV）。血清中总蛋白（TP）、白蛋白（ALB）、碱性磷酸酶（ALP）、尿素（UREA）、尿酸（UA）、谷草转氨酶（AST）、谷丙转氨酶（ALT）、肌酸磷酸激酶（CK）、葡萄糖（GLU）、甘油三酯（TG）、乳酸脱氢酶（LDH）的测定采用日本和光提供的试剂盒，按说明书操作，并在日立 7020 型全自动分析仪上进行测定。血清的酶活性，包括总超氧化物歧化酶（T-SOD）、谷胱甘肽过氧化物酶（GSH-PX）、过氧化氢酶（CAT）和丙二醛（MDA），采用检测试剂盒进行检测。

（三）肠道形态结构观察

1. HE 染色

染色方法同前。

2. 扫描电镜观察

将采集到的肠道（回肠、盲肠和结肠）各段组织样品用 4℃ 预冷的 0.9%氯化钠溶液冲洗干净，剪开取 0.5cm 左右的块状，置于预冷的 2.5%戊二醛溶液中固定保存，经酒精梯度乙醇脱水、冷冻干燥、喷金等程序后，应用高分辨激光共聚焦与扫描电镜（ZEISS 公司，德国）进行扫描拍照。该试验在山东农业大学生命科技学院电镜室完成。

3. 免疫组织化学法

（1）脱蜡、脱苯。切片经二甲苯脱蜡，梯度酒精脱苯至蒸馏水。

（2）抗原修复。微波炉修复方法，0.01mol/L 柠檬酸钠缓冲液（pH 值 6.0）中加热，5min，共 3 次，每两次间隔约 3min。冷却至室温。

（3）3% H_2O_2 封闭。3% H_2O_2，37℃ 恒温箱避光孵育 1h。PBS 冲洗 5min，共 3 次。

（4）血清封闭。滴加 10%胎牛血清，37℃封闭 1h。

（5）滴加一抗。甩去血清，滴加一抗，置于 4℃冰箱中孵育过夜。

（6）从 4℃取出切片，PBS 冲洗 5min，共 3 次。滴加生物素化羊抗兔 IgG（1∶150 稀释），37℃ 恒温箱 2h，PBS 冲洗 5min，共 3 次。滴加辣根酶标记链霉卵白素（1∶150 稀释），置于 37℃ 恒温箱 1h，PBS 冲洗 5min，共 3 次。超敏二步法免疫组检测试剂的试剂 1，置于 37℃ 恒温箱中 1h。PBS 冲洗 5min，共 3 次。滴加超敏二步法免疫组化检测试剂的试剂 2，37℃，1h。PBS 冲洗 5min，共 3 次。

（7）DAB 显色剂显色。将显色试剂盒中的试剂按照说明按 1∶1∶20 配成显色剂。在室温避光的条件下进行显色，同时显微镜下观察显色反应的进行，控制显色反应的程度。

（8）待观察显色反应到合适的程度时，用自来水终止显色反应，并用清水多次冲洗以清除显色剂的残留，然后置于苏木素溶液中染色，盐酸酒精分化，自来水蓝化，上行梯度酒精脱水。

（9）用中性树胶封片，在显微镜观察免疫阳性物质分布，同时拍照，留存，备用。阴性对照试验：用 PBS 替换一抗。其他步骤同上。

（四）高通量测序检测肠道微生物菌群的变化

采集十二指肠、空肠、回肠、盲肠、结肠内容物，存于-80℃，用于肠道菌群 16SrDNA 高通量测序。

（1）提取肠道内容物中的微生物总 DNA，测定 DNA 浓度和纯度，然后每组每个肠段的 DNA 样品等量混合为一个样品。

（2）16SrDNA 高通量测序技术检测猪肠道菌群结构。引物 341F（5′-CCTAYGGGRBGCASCAG-3′）和 806R（5′-GGACTACNNGGGTATCTAAT-3′）用于扩增 16SrDNA 基因 V3~V4 可变区。基于 Illumina HiSeq2500（北京诺和生物信息技术有限公司）测序平台，利用双末端测序（Paired-End）的方法，构建小片段文库进行双末端测序。通过对 Reads 拼接过滤，OTUs（Operational Taxonomic Units）聚类，并进行物种注释及丰度分析，可以揭示样品物种构成；进一步通过 α 多样性分析（Alpha Diversity）和 β 多样性分析（Beta Diversity）挖掘样品之间的差异。

（五）生物标记物检测

粪便、尿液中生物标记物（DON 和 DOM-1）的含量变化。

1. 酶解

内标配制：取 40μL 25mg/LDON 或 DOM-1 内标+960μL 乙腈，配制成 1mg/L ZEA 内标工作液。

0.2M 乙酸铵缓解液（pH 值 5.2）：称取 7.7g 的乙酸铵放入烧杯中，加入 400mL 去离子水，搅拌使其溶解后，用冰醋酸调至 pH 值至 5.2，定容至 0.5L。

样品酶解：粪便（0.5g）或尿液（0.5mL）样品+0.5μL 内标+1.5mL 0.2M 乙酸铵缓冲液+20μL 葡萄糖醛苷酸/硫酸酯酶，55℃气浴振荡器中振荡 2h。

2. 样品净化

酶解后的样品+6mL 0.1%甲酸乙腈，2 000r/min 涡旋 1min，置于 4℃冰箱内冷藏 20min。2 000r/min 涡旋 1min，8 000r/min 离心 5min。静置片刻，量取上层溶液 6mL，置于 10mL 具塞塑料离心管中，加入 QuECHERs 净化材料 500mg（C18 200mg，PAS 和 A-AL 各 100mg）和无水硫酸镁 200mg，2 000r/min 涡旋 1min，8 000r/min 离心 5min，精密量取滤液 4.8mL 置于 10mL 塑料离心管中，真空浓缩仪中 60℃，1 500r/min 抽干，用 0.2mL 水-甲醇-甲酸（55∶44.9∶0.1，体积比）溶解残渣，置于锥形底进样瓶中，等待上机检测。

3. 高效液相

检测方法同前。

三、研究结果

（一）对生长性能的影响

由表 4-36 可知，DON 处理组的 ADG 较对照组相比有所下降，而 ADFI 增加，F/G 升高，但与对照组相比无显著性差异（$P>0.05$）。结果显示添加梭状芽孢杆菌之后，ADG 有所升高，F/G、ADFI 降低，接近对照组水平。

表 4-36　梭状芽孢杆菌和 DON 对生长猪生产性能的影响

项目	对照组	DON 处理组	DON+C 组
初始重（kg）	54. 38 ±1. 21	55. 94 ±1. 16	56. 75 ±1. 83
末重（kg）	78. 3 ±1. 78	76. 81 ±3. 03	78. 69 ±2. 56
平均日增重 ADG（g）	885. 93 ±72[a]	772. 96 ±66[b]	812. 59 ±63[a]
平均日采食量 ADFI（kg）	2. 14 ±0. 38	2. 26 ±0. 44	2. 07 ±0. 35
料肉比 F/G	2. 41 ±0. 32[b]	2. 92 ±0. 53[a]	2. 54 ±0. 24[b]

注：同行不同字母者，表示差异显著（$P<0.05$）

（二）对血液学指标的影响

与对照组相比，DON 处理组试验 21d 和 35d 时 WBC 和 GRAN 数均显著增加（$P<0.05$），而 DON+C 组未见显著变化（$P>0.05$）。21d 时和 35d 时，DON 组的 PLT 值较对照组均显著下降（$P<0.05$），但 DON+C 组只在 21d 时较对照组显著下降（$P<0.05$），但较 DON 组显著升高（$P<0.05$）。所有试验组的 MID 值在 21d 时均无显著差异，但与对照组和 DON+C 组相比，DON 组在 35d 时 MID 值显著增加（$P<0.05$）。各组红细胞、血红蛋白、淋巴细胞和 PCV 浓度在 21d 和 35d 均无显著差异，结果见图 4-14。

各组生长猪的血清生化指标结果见图 4-15。21d 时和 35d 时，与对照组相比，DON 处理组、AST、ALT 和 ALP 值显著增加（$P<0.05$），而 DON+C 组无显著差异（$P>0.05$）。35d 时，TP、ALB 和 HDL 与对照组相比明显降低（$P<0.05$）。CK、GLU、TG、TCHO、LDL、尿素在 21d 和 35d 相比较，差异均无统计学意义（$P>0.05$）。

各组血清中抗氧化因子的检测结果见图 4-16。结果显示，试验 21d 和 35d 时，DON 处理组 GSHPx 和 T-SOD 的浓度较对照组显著减少（$P<0.05$）。虽然 DON+C 组 GSHPx 和 T-SOD 的浓度较对照组显著减少（$P<0.05$），但

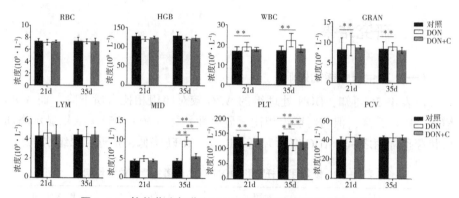

图4-14 梭状芽孢杆菌和DON对生长猪血液学指标的影响

（M±SD，$n=6$；＊为 $P<0.05$ 和 ＊＊为 $P<0.01$，下同）

较 DON 处理组显著增加。在21d 和35d，3 组间的 CAT 和 MDA 浓度比较差异不显著（$P>0.05$）。

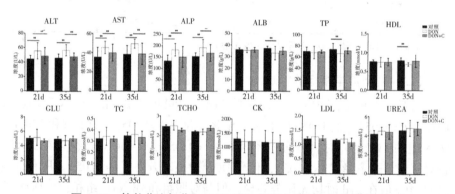

图4-15 梭状芽孢杆菌和DON对生长猪血清生化指标的影响

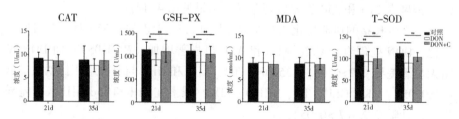

图4-16 梭状芽孢杆菌和DON对生长猪抗氧化因子指标的影响

（三）对肠道形态学的影响

1. 对照组生长猪小肠的组织学结构

如图 4-17A 所示，十二指肠绒毛排列整齐，形态完整，绒毛长度达到 722.65μm±17.07μm，隐窝深度为 534.11μm±12.33μm。空肠绒毛排列紧密，形态为长且粗的柱状，绒毛长度为 531.22μm±27.00μm，小肠腺腺体厚度为 379.00μm±10.60μm，小肠绒毛的长度以及隐窝深度的数值均低于十二指肠。回肠绒毛呈短柱状，绒毛长度为 293.02μm±15.52μm，隐窝深度为 169.31μm±7.97μm，小肠黏膜层可见淋巴小结以及散在的弥散性的淋巴细胞，回肠的小肠绒毛长度以及隐窝深度的数值是小肠三段中最低的。

2. DON 处理组生长猪小肠的组织学结构

如图 4-17B 所示，十二指肠绒毛排列稀疏，小肠绒毛损伤明显，黏膜上皮发生脱落，小肠绒毛长度为 29.79μm±20.16μm，与对照组相比，绒毛长度显著缩短（$P<0.01$）。隐窝深度为 720.60μm±19.87μm，与对照组相比隐窝深度增加，且差异极显著（$P<0.01$）。在空肠段则发现小肠绒毛发育障碍，分支减少，黏膜上皮出现严重脱落，绒毛长度为 351.00μm±27.71μm，与对照组相比，绒毛长度显著缩短（$P<0.01$）。隐窝深度增加，小肠腺腺体数量增多，厚度达到 487.11μm±18.46μm，与对照组相比，差异极显著（$P<0.01$）。回肠绒毛排列不整齐，绒毛受损，黏膜上皮脱落，绒毛长度 217.31μm±13.70μm，隐窝深度 303.85μm±18.67μm；与对照组相比，绒毛长度显著缩短（$P<0.01$），隐窝深度明显增加（$P<0.01$）。

3. 梭状芽孢杆菌添加组生长猪小肠的组织学结构

如图 4-17C、图 4-18 所示，十二指肠黏膜上皮脱落损伤的症状减轻，小肠绒毛损伤得以缓解，绒毛形态完整，排列规则，但其绒毛的形态恢复并未完全达到对照组的状态，仍可见有上皮损伤的现象存在，绒毛长度为 646.63μm±20.57μm，隐窝深度为 610.02μm±17.85μm，与对照组相比，绒毛长度缩短（$P<0.01$），隐窝深度增加（$P<0.05$）；与 DON 组相比，绒毛形态完整，排列相对整齐，绒毛长度增加，小肠腺的厚度与 DON 组相比，隐窝深度减少（$P<0.01$）。空肠段绒毛形态完整，长度为 407.67μm±20.60μm，腺体厚度为 409.16μm±35.90μm；但与对照组相比，绒毛形态不及对照组完整、规则，绒毛长度缩短（$P<0.01$），隐窝深度增加（$P<0.05$）；与 DON 组相比，绒毛形态完整，长度增加（$P<0.01$），隐窝深度减少，与 DON 组相比差异极显著（$P<0.01$）。回肠段绒毛排列整齐规则，黏

膜上皮脱落情况缓解，绒毛长度达到 264.20μm±15.94μm，隐窝深度为 218.21μm±14.19μm；与对照组相比，黏膜上皮完整度未完全恢复到对照组状态，绒毛长度缩短（$P<0.05$），隐窝深度增加（$P<0.01$）；与 DON 组相比，绒毛长度增加（$P<0.05$），隐窝深度减少（$P<0.01$）。

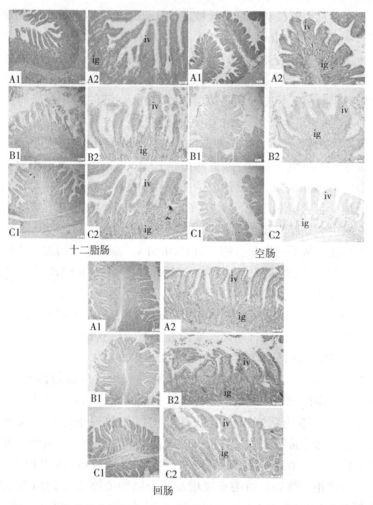

十二脂肠　　　　　　　　空肠

回肠

图 4-17　梭状芽孢杆菌和 DON 对生长猪小肠各段组织学结构的影响

A1、A2. 对照组　　B1、B2. DON 处理组　　C1、C2. DON+C 组

比例尺：A1、B1、C1 为 200μm；A2、B2、C2 为 100μm

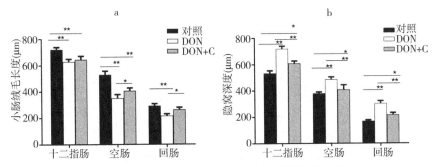

图4-18 梭状芽孢杆菌及DON对小肠绒毛长度和

隐窝深度的影响（M±SD，*n*=3）

a. 绒毛长度（VH） b. 隐窝深度（CD）

（四）扫描电镜观察结果

电镜观察结果显示，正常对照组的回肠、盲肠和结肠绒毛排列整齐，形态完整，DON组绒毛上皮损伤，脱落现象明显（图4-19）。DON+C组观察结果显示，小肠黏膜上皮脱落损伤的症状减轻，小肠绒毛损伤得以缓解，绒毛形态完整，排列规则，但小肠绒毛的形态并未完全恢复到对照组的状态，仍见有黏膜上皮损伤的现象存在。各组回肠、盲肠和结肠的典型形态如图4-19所示。扫描电镜观察显示，与对照组相比，DON饲喂组回肠、盲肠和结肠黏膜的损伤较为严重，尤其是回肠。各肠段绒毛表面上皮细胞不完整，表现为组织学病变。与此相反，在猪日粮中添加梭状芽孢杆菌后，污染日粮对肠道绒毛屏障的损伤明显减轻。

（五）免疫组织化学结果

1. 对生长猪小肠中的PCNA分布的影响

DON及梭状芽孢杆菌对生长猪不同肠段PCNA分布的影响见图4-20。

（1）对照组生长猪小肠中的PCNA分布观察结果。十二指肠PCNA阳性细胞分布在绒毛，小肠腺以及十二指肠腺内，绒毛上皮呈阳性，颜色为棕黄色，从十二指肠绒毛的基底到小肠绒毛的顶部，其绒毛上皮细胞中散在分布阳性细胞，在基部的阳性细胞数量稍多，小肠绒毛上皮两侧的阳性反应逐渐减弱，在绒毛上皮顶端则最弱，小肠腺阳性反应较强，颜色为棕色，十二指肠腺则有少量阳性细胞散在分布，固有层内散在分布阳性细胞，肌层内则未见阳性细胞的存在。空肠段的阳性细胞分布与十二指肠的分布位置相似，主要位于小肠绒毛以及小肠腺上，绒毛上皮细胞中分布PCNA阳性细胞，且绒

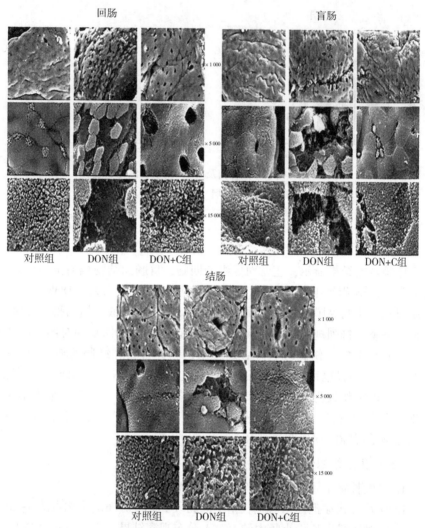

图 4-19　梭状芽孢杆菌和 DON 对生长猪肠道各段超微结构的影响
1 000×、5 000×和 15 000× 代表放大倍数

毛基部的阳性细胞数量较多，呈弱阳性反应。PCNA 在回肠段的阳性分布与十二指肠和空肠的位置相同，绒毛上皮以及小肠腺上均呈弱阳性分布，小肠绒毛上的阳性细胞呈散在分布。

（2）DON 处理组生长猪小肠中的 PCNA 分布观察结果。十二指肠的 PCNA 阳性细胞存在于小肠绒毛基底部以及小肠腺中，绒毛上皮未发现阳性

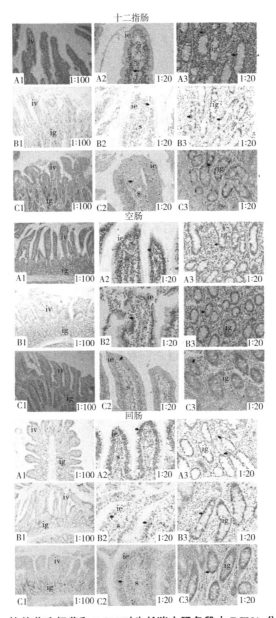

图 4-20　梭状芽孢杆菌和 DON 对生长猪小肠各段中 PCNA 分布的影响

A1~A3. 对照组　B1~B3. DON 组　C1~C3. DON+C 组

比例尺：A1、B1、C1：100μm；A2、A3、B2、B3、C2、C3：20μm

注：ie：绒毛上皮；箭头：阳性反应；下同

细胞，在绒毛基底部可见少量的阳性细胞存在，在小肠腺上皮细胞内大量分布，呈强阳性反应，颜色为棕黄色。与对照组相比，DON组小肠上皮绒毛的两侧未有阳性反应，且基部的阳性反应弱于对照组，但小肠腺的反应强于对照组。空肠绒毛上皮两侧未发现PCNA阳性细胞的存在，小肠腺存在强阳性反应，颜色呈棕黄色，其阳性反应强于对照组。回肠段PCNA阳性细胞主要分布在小肠腺上皮细胞内，在绒毛上皮靠近基部的位置偶见阳性细胞分布，小肠腺体的阳性细胞明显多于对照组，而且颜色呈棕黄色。

（3）梭状芽孢杆菌添加组生长猪小肠中的PCNA分布观察结果。十二指肠阳性物质主要分布在小肠绒毛，小肠腺以及十二指肠腺内，整个绒毛上皮均有阳性细胞的分布，着色较深呈棕黄色，小肠腺呈弱阳性反应，颜色为黄色，其小肠绒毛上皮的阳性细胞多于DON组，小肠腺上的阳性反应弱于DON组，与对照组相比，小肠绒毛上皮的阳性细胞减少，小肠腺上的阳性细胞数量增多。空肠阳性细胞在小肠绒毛上呈强阳性分布，着色较深，从绒毛基部到绒毛顶端均可见阳性细胞分布，小肠腺上皮细胞内可见少量阳性细胞存在（图4-20C3）；与DON处理组相比，其小肠绒毛上皮的阳性细胞增多，小肠腺阳性反应减弱；与对照组相比，小肠腺以及小肠绒毛上皮的阳性反应与对照组无明显差异。回肠段PCNA阳性细胞集中分布在小肠腺以及绒毛上皮，从绒毛上皮的基部到顶端均可见阳性细胞分布，着色较深，小肠腺上的阳性反应弱于DON组，但小肠绒毛上皮的阳性细胞多于DON组，与对照组相比，绒毛上皮的阳性反应减弱，但小肠腺上皮的阳性细胞数量增多。

小结：与对照组相比，DON组的PCNA在小肠腺上的阳性反应增强，但小肠绒毛上的阳性反应减弱，十二指肠尤为显著，在加入梭状芽孢杆菌之后，三个肠段的小肠绒毛上皮PCNA阳性反应增强，小肠腺上的阳性反应减弱。

2. 对生长猪小肠中的ghrelin分布的影响

DON及梭状芽孢杆菌对生长猪不同肠段ghrelin分布的影响见图4-21。

（1）对照组生长猪小肠中的ghrelin分布的观察结果。通过免疫组化显示：各组的十二指肠、空肠和回肠中均有ghrelin阳性细胞分布，阳性反应物颜色呈黄色或棕黄色，阴性对照组织不着色。十二指肠可见ghrelin阳性反应物主要分布在小肠腺以及小肠绒毛上皮，在小肠绒毛上皮的分布主要在单个绒毛皱襞顶端与肠腔接触的绒毛上皮细胞内可见成团状的阳性反应物，单根小肠绒毛两侧以及靠近基底部的位置阳性反应减弱，小肠腺的阳性反应要弱

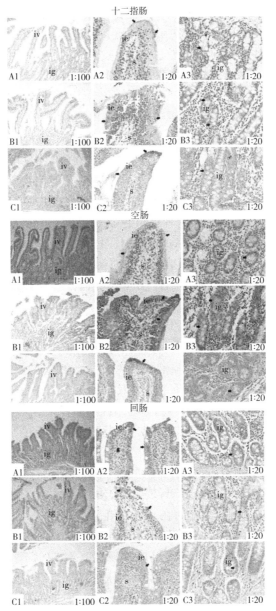

图4-21 梭状芽孢杆菌和 DON 对生长猪小肠各段中 ghrelin 分布的影响

A1~A3. 对照组 B1~B3. DON 组 C1~C3. DON+C 组

于绒毛上皮的反应。Ghrelin 在空肠的分布特点与十二指肠大致相同，在小肠腺和小肠绒毛上皮细胞内均存在阳性物质，但整体阳性弱于十二指肠。在回肠可见阳性物集中分布在小肠绒毛黏膜上皮内，着色较深，颜色呈黄色，绒毛上皮顶端较强，两侧较弱，小肠腺及周围的结缔组织细胞内呈弱阳性反应（图4-21A3），颜色呈浅黄色。

（2）DON 处理组生长猪小肠中的 ghrelin 分布观察结果。十二指肠整体阳性强于对照组，其中绒毛上皮和固有层结缔组织周围组织细胞着色较强深，呈棕色或棕黄色，小肠腺上皮细胞内呈强阳性反应，绒毛上皮及小肠腺的阳性反应明显强于对照组。空肠的 ghrelin 阳性物质主要分布在小肠腺和黏膜上皮以及小肠腺周围的结缔组织细胞内，其中在小肠绒毛上皮中呈强阳性反应，颜色呈棕色或者棕黄色，小肠腺内 ghrelin 呈强阳性分布，整体阳性强于对照组。回肠段 ghrelin 阳性物质主要分布于黏膜上皮、小肠腺、固有层结缔组织及淋巴小结内，与对照组相比，其小肠绒毛上皮以及小肠腺和其周围的结缔组织的阳性反应均增强，呈强阳性反应，颜色为棕黄色。

（3）梭状芽孢杆菌添加组生长猪小肠中的 ghrelin 分布观察结果。十二指肠的阳性细胞在单根绒毛上表现为整个绒毛的上皮均有 ghrelin 阳性物质分布，绒毛上皮顶端最强，小肠腺呈弱阳性反应，在固有层结缔组织内可见阳性反应物，颜色为棕黄色，绒毛上皮以及小肠腺的阳性反应强于对照组，与DON 组相比，其绒毛上皮与小肠腺上的阳性物质皆减少。空肠绒毛上皮顶端靠近肠腔的部位呈强阳性分布，颜色为棕黄色，在绒毛的两侧以及绒毛基部呈弱阳性分布，小肠腺及其周围的疏松结缔组织内有阳性物质存在，与对照组相比，其绒毛上皮顶端和小肠腺及其周围疏松结缔组织的阳性反应增强，但绒毛上皮和小肠腺的阳性反应皆弱于 DON 组。

回肠段 ghrelin 阳性反应物在小肠绒毛上皮均匀分布，阳性反应弱于DON 组，颜色呈黄色，小肠腺及其周围的结缔组织细胞的阳性反应强度与DON 组相比，没有减弱的趋势，但整体阳性弱于 DON 组；与对照组相比，其绒毛上皮的阳性反应以及小肠腺及其周围的结缔组织的阳性反应皆增强。

小结：与对照组相比，DON 组的 3 个肠段的 ghrelin 阳性物质在小肠绒毛以及小肠腺上分泌均增加，其中空肠最强，十二指肠次之，回肠最弱，在加入梭状芽孢杆菌之后，3 个肠段的绒毛上皮和小肠腺的阳性物质均有所减少，其中回肠减弱明显。

3. 对生长猪小肠中的 Hsp70 分布的影响

DON 及梭状芽孢杆菌对生长猪不同肠段 Hsp70 分布的影响见图 4-22。

（1）对照组生长猪小肠中的 Hsp70 分布观察结果。免疫组织化学结果显示：3 个肠段均有 Hsp70 阳性反应物分布，阳性反应物颜色呈棕黄色、黄色，阴性对照不着色。十二指肠 Hsp70 阳性反应物主要分布在小肠绒毛黏膜上皮细胞、小肠腺上皮细胞和固有层疏松结缔组织内，呈弱阳性反应，颜色为黄色。Hsp70 在空肠的分布与十二指肠的分布位置大致相同，集中在小肠绒毛上皮、小肠腺以及固有层疏松结缔组织内。在小肠绒毛上皮内呈弱阳性均匀分布，小肠腺及其周围的结缔组织可见散在的阳性物质分布，在固有层的疏松结缔组织内有散在的阳性物质分布。Hsp70 主要集中分布在回肠的小肠绒毛上皮，小肠腺周围的疏松结缔组织内。小肠腺内的上皮细胞内无阳性细胞分布，在其周围的疏松结缔组织内可见散在的阳性细胞。

（2）DON 处理组生长猪小肠中的 Hsp70 分布观察结果。DON 组的十二指肠 Hsp70 阳性物主要分布在小肠绒毛上皮，小肠腺以及周围的疏松结缔组织，固有层疏松结缔组织中，其中小肠绒毛上皮以及固有层疏松结缔组织内呈强阳性反应，颜色为棕黄色或棕色，阳性反应明显强于对照组。空肠段在绒毛上皮的顶端有强阳性反应物分布，颜色为棕黄色，绒毛上皮两侧阳性强度稍弱，小肠腺上皮细胞内分布颜色为棕黄色的阳性反应物，在固有层疏松结缔组织内散在分布阳性反应物，小肠腺上皮细胞内的阳性反应以及小肠绒毛上皮内的阳性反应均强于对照组。回肠段可见 Hsp70 阳性物质从绒毛上皮顶端到绒毛基部均匀分布，其小肠腺内的上皮细胞内有阳性反应物存在，颜色为棕黄色，其绒毛上皮及小肠腺上皮细胞的阳性反应均强于对照组。

（3）梭状芽孢杆菌添加组生长猪小肠中的 Hsp70 分布观察结果。十二指肠段 Hsp70 免疫阳性物主要分布在小肠绒毛上皮以及小肠腺内，小肠绒毛上皮和小肠腺上的阳性反应强度与对照组相比眼观上无差异，与 DON 组相比，小肠绒毛以及小肠腺均呈减弱趋势。空肠段的 Hsp70 阳性物在单根绒毛上皮表现为从顶端到绒毛的基部均匀分布，小肠腺上皮细胞内也呈阳性反应，与对照组相比，其绒毛上皮与小肠腺上的阳性反应均增强，与 DON 组相比，其绒毛上皮顶端的阳性反应减弱，小肠腺上皮的阳性强度与 DON 组相比眼观上无差异，整体阳性弱于 DON 组。回肠段绒毛上皮的阳性物质呈弱阳性均匀分布，小肠腺上皮细胞内呈强阳性分布，颜色为棕黄色，与对照组相

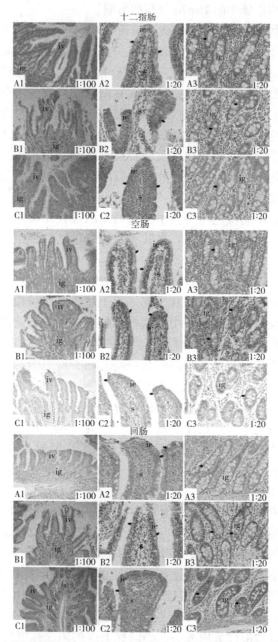

图 4-22　梭状芽孢杆菌和 DON 对生长猪小肠各段中 Hsp70 分布的影响

A1~A3. 对照组　　B1~B3. DON 组　　C1~C3. DON+C 组

比，其绒毛上皮以及小肠腺上的阳性反应明显增强。与 DON 组相比，绒毛上皮的阳性强度减弱，小肠腺上的阳性反应强度与 DON 组相比眼观上无差异。

小结：DON 组的三个肠段与对照组相比，其绒毛以及小肠腺上的阳性反应均增强，其中十二指肠最强，回肠次之，空肠最弱，在加入梭状芽孢杆菌之后，十二指肠与空肠的小肠绒毛上皮及小肠腺上的阳性反应均减弱，但在回肠段加入梭状芽孢杆菌之后小肠绒毛上皮阳性反应稍弱于 DON 组，小肠腺的阳性强度眼观上无差异性。

（六）对肠道菌群多样性的影响

根据物种注释结果，选取每组样品在门水平（Phylum）上最大丰度排名前十的物种（图 4-23）。从图中可见所有处理组的厚壁菌门（Firmicutes）相对丰度最高（>72%）。饲喂 DON 污染饲料后，回肠和结肠厚壁菌门（Firmicutes）的丰度显著降低，而回肠和结肠的拟杆菌门（Spirochaetes）及回肠的 Bacteroidetes 的丰度显著增加。添加梭状芽孢杆菌后，这些细菌的数量并没有受到显著影响。结果表明，DON 对回肠和结肠的优势菌群有较明显的影响，但对盲肠优势菌群影响不大。

在属水平上，生长猪回肠排前三的优势菌群分别是乳酸菌（18.7%）、*Lachnospiraceae*（12.7%）和 *Ruminococcaceae*（9.2%），饲喂 DON 后，乳酸菌和 *Lachnospiraceae* 分别降至 5.5% 和 2.1%，而 *Ruminococcaceae* 增加到 36.5%，而 Leeia 从 1.1% 升至 6.9%。添加梭状芽孢杆菌后，虽然乳酸菌（9.5%）较对照组还明显降低，但 *Clostridium* 明显增加，从 7.4% 上升至 14.9%，其他菌种的相对丰度较对照组未有明显的变化（图 4-24）。

盲肠段排前三的优势菌群分别是乳酸菌（14.1%）、*Lachnospiraceae*（12.7%）和 *Clostridium*（7.8%）。饲喂 DON 后，乳酸菌和 *Lachnospiraceae* 分别降至 6.0% 和 6.2%，*Clostridium* 未有明显变化。添加梭状芽孢杆菌后，虽然乳酸菌（9.6%）较之对照组明显降低，但 *Clostridium* 明显增加至 15.8%，成为盲肠中最多的优势菌群。值得关注的是，盲肠段三组的 Others 分别为 44.8%、54.5% 和 48.1%，而此值明显高于其在回肠和结肠段同样饲喂条件下的相对丰度值，可能提示盲肠的菌种数更多，也更为复杂。

结肠段排前三的优势菌群分别是 *Christensenellaceae*（10.4%）、乳酸菌（10.1%）和 *Subdoligranulum*（9.2%），与回肠和盲肠有较大的差异。饲喂 DON 后，乳酸菌和 *Subdoligranulum* 分别降至 3.9% 和 5.6%。*Ruminococcaceae*

从 3.1% 升至 7.2%。*Terrisporobacter* 从 8.8% 降至 3.7%，而 *Streptococcus* 从 7.9% 降至 2.0%。应用梭状芽孢杆菌后，除 *Subdoligranulum*（3.5%）仍明显低于对照组，其他几种较对照组变化不明显。*Clostridium* 从 6.3% 升到 14.1%。

总之，使用梭状芽孢杆菌后，梭状芽孢杆菌的丰度显著增加。但梭状芽孢杆菌的丰度不受污染日粮的影响，这可能与梭状芽孢杆菌的繁殖能力有关，且在回肠、盲肠和结肠中存在差异。结果表明，猪盲肠菌群结构与回肠和结肠菌群结构存在较大差异。

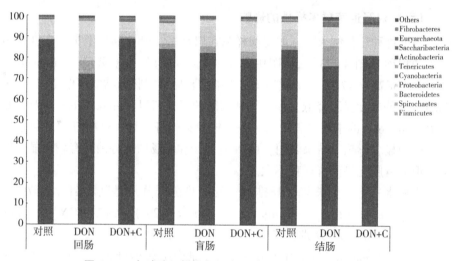

图 4-23　各试验组样品间门水平前 10 名细菌分布柱状图
（不能进入前 10 名的序列被指定为"其他"序列）

（七）DON 和 DOM-1 在生长猪尿液和粪便中的含量

在所有试验组生长猪的尿液中均未检测到 DOM-1。不同试验时段尿液中 DON 的浓度检测结果见图 4-25。结果表明，在试验的 14d、21d、35d，B 组的 DON 值与其他组比较显著升高（$P<0.05$）。与此同时，C 组的 DON 值与对照组比较明显低于 B 组（$P<0.05$）。各组在不同试验期无显著差异。

生长猪粪便中 DON 和 DOM-1 的浓度检测值见图 4-26。结果表明，B 组的 DON 值较其他组有显著性提高（$P<0.05$），B 组和 C 组的 DON 值从 14d 到 35d 呈现逐渐升高的趋势，而 A 组的 DOM-1 浓度在本研究中未发现。B 组的 DOM-1 值下降幅度明显大于 C 组（$P<0.05$），而 21d 和 35d 的值均

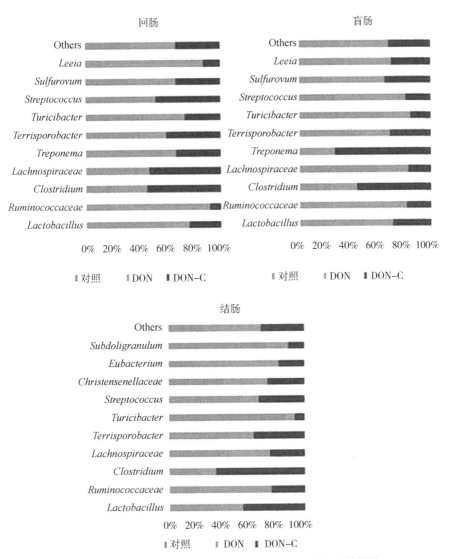

图 4-24 各试验组样品间种属水平前 10 名物种分布柱状图

(不能进入前 10 名的序列被指定为"其他"序列)

显著高于 14d 的值（$P<0.05$）。这一结果表明，DOM-1 主要在肠道内被梭状芽孢杆菌 WJ06 转化。

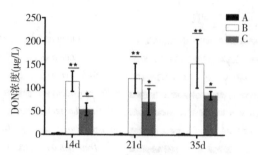

图 4-25　不同试验期生长猪尿液样本中 DON 的含量

A 为对照组；B 为 DON 处理组；C 为菌液添加组

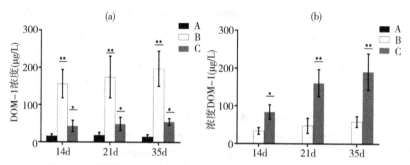

图 4-26　不同试验期生长猪粪便样本中 DON 和 DOM-1 浓度

A 为对照组；B 为 DON 处理组；C 为菌液添加组

四、结论

（1）梭状芽孢杆菌对 DON 导致的生长猪生产性能下降及小肠黏膜上皮损伤有一定的缓解作用。结果证明梭状芽孢杆菌能有效降低 DON 对生长猪的毒性作用。

（2）使用梭状芽孢杆菌后，肠道中梭状芽孢杆菌的丰度显著增加。

（3）梭状芽孢杆菌在肠道内能够将 DON 转化为低毒性的 DOM-1，并主要通过粪便和尿液排出体外。

第七节 不同吸附剂对饲喂黄曲霉毒素污染日粮奶牛的试验研究

奶牛饲料中的黄曲霉毒素 B_1（AFB_1）能在肝脏中羟基化生成黄曲霉毒素 M_1（AFM_1）代谢到牛奶中，日粮中添加铝合硅酸盐类吸附剂产品能够减少组织及牛奶中 AFM_1 含量。尽管吸附剂已被广泛用于我国泌乳奶牛的日粮中，但仍未有研究确定日粮中 AFB_1 代谢到牛奶中 AFM_1 的转移机制。此外，有关吸附剂影响奶牛乳中 AFM_1 分泌的信息有限。本试验研究了饲料中黄曲霉毒素向牛奶的转移规律，以及评估黄曲霉毒素与 2 种吸附剂产品对奶牛生产性能的影响。

一、材料与方法

选择胎次为 2~3 胎、泌乳天数及泌乳量接近、体重 600kg 左右的泌乳中后期荷斯坦牛 40 头进行试验，毒素剂量以干物质（DM）为基础，试验动物分为 4 组，每组随机分配 10 头奶牛。在试验期开始前测定奶牛生产性能、干物质采食量等相关指标，保证奶牛处在同一水平后，进入试验期。试验共 18d，其中攻毒期 14d（1~14d），毒素清除期 4d（15~18d）。毒素以玉米面混合物的方式每天晨饲时投喂给奶牛。试验设 4 个处理组，分别为 CON 组（基础日粮）、AFB_1 组（基础日粮+8μg/kg AFB_1）、吸附剂 B 组（基础日粮+8μg/kg AFB_1+吸附剂 B）、吸附剂 X 组（基础日粮+8μg/kg AFB_1+吸附剂 X）。奶牛的基础日粮配制参照《奶牛饲养管理实用技术手册》配制，应满足奶牛的营养需要。试验牛采用散栏饲养的方式，用全价混合日粮（TMR）饲喂。每日 5：30 和 17：30 饲喂 2 次，自由采食，自由饮水，每日挤奶 2 次。在整个试验阶段持续性观察奶牛的健康状况，并进行登记。试验期 1d、7d、14d、18d 测定试验牛大群采食量，每组选取 3 头试验牛，每头牛 TMR 日粮单独称量饲喂，采食后称剩料量，早晨、晚上 2 次的采食量相加为 1d 的采食量。采集饲料样品 500g，在干燥箱中 65℃烘至恒重，计算出各处理组奶牛干物质基础（DMI）。采用 SPSS 软件对数据进行处理和统计分析。

二、结果与分析

以每处理在试验期内不同时间点的泌乳均值作图，4 个处理组的泌乳曲线如图 4-27 所示。在攻毒期（1~14d）以及毒素清除期（15~18d）内，不同处理组的奶牛产奶量均未受到影响。

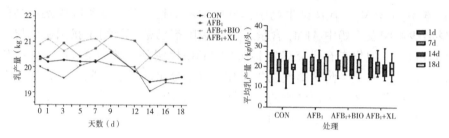

图 4-27　奶牛采食含 AFB₁ 和脱霉剂（X、B）日粮的产奶量

表 4-37 表示不同处理对泌乳性能及奶牛干物质采食量的影响。由表 4-37 可知，各处理组奶牛 DMI 均未受到影响（$P<0.05$）。同时，乳成分指标（乳脂率、乳蛋白率、乳糖、乳固体成分、体细胞数）也未受到各处理的影响（$P<0.05$）（图 4-28）。

表 4-37　AFB₁ 及其吸附产品对奶牛产奶性能的影响

项目	时间	处理组				SEM	P 值		
		CON	AF	吸附剂 B	吸附剂 X		处理	时间	交互
采食量	1~14d	20.80	20.85	20.85	20.81	0.109	0.933 0	0.114 0	0.950 0
（kg）	18d	21.20	20.75	21.05	21.00	0.109	0.916 7		
产奶量	1~14d	20.21	20.73	20.92	19.99	1.538	0.646 0	0.413 0	0.552 0
（kg）	18d	19.81	20.21	20.26	19.61	1.517	0.351 1	0.040 7	0.538 7
乳脂	1~14d	4.81	4.91	4.84	4.82	1.435	0.978 8	0.881 5	0.981 1
（%）	18d	4.38	4.81	4.54	4.88	0.211	0.334 6		
乳蛋白	1~14d	4.15	4.43	4.16	4.26	0.187	0.262 9	0.670 5	0.944 6
（%）	18d	4.19	4.25	4.11	4.37	0.148	0.668 8		
乳糖	1~14d	4.82	4.76	4.80	4.76	0.068	0.343 0	0.113 4	0.976 7
（%）	18d	4.83	4.86	4.86	4.90	0.070	0.911 5		
乳固体	1~14d	14.29	14.78	14.31	14.25	0.484	0.551 3	0.707 5	0.915 6
（%）	18d	13.68	13.89	13.62	14.12	0.304	0.729 8		

（续表）

项目		处理组				SEM	P 值		
	时间	CON	AF	吸附剂 B	吸附剂 X		处理	时间	交互
体细胞数	1~14d	248.67	188.11	249.60	217.66	79.721	0.794 0	0.865 6	0.725 8
	18 d	283.00	222.60	276.20	249.20	71.305	0.935 8		

注：CON 为无 AFB$_1$ 及吸附剂的对照日粮；AF 为含 8μg/kg AFB$_1$ 但不含吸附剂的日粮；吸附剂 B/吸附剂 X 为含 8μg/kg AFB$_1$ 及吸附剂 B 或吸附剂 X 的日粮

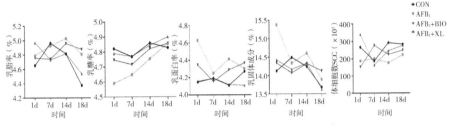

图 4-28　各试验组乳成分指标的变化

图 4-29 显示了奶牛饲喂 AFB$_1$ 污染日粮并添加或不添加吸附剂 B 对奶牛乳中 AFM$_1$ 浓度的影响。AFB$_1$ 攻毒期：1~14d；清除期：15~18d。AF：黄曲霉毒素日粮，含有对照饮食（CON），由基础全混合日粮（TMR）加 8μg AFB$_1$/kg DM 日粮干物质组成；AF+吸附剂 B：黄曲霉毒素日粮+吸附剂 B，含有 AF+吸附剂 B。本研究中，当添加 8μg/kg AFB$_1$ 时，毒素组黄曲霉毒素到乳 AFM$_1$ 的转化率为 0.531%，毒素加吸附剂 B 组的毒素转化率为 0.661%（表 4-38）。

表 4-38　饲喂含或不含 BIO 吸附剂的 AFB$_1$ 污染日粮对毒素稳定状态下
（7~14d）牛奶中 AFM$_1$ 的浓度、排泄和转移率的影响

项目	处理组[1]		SEM	P 值
	AF	吸附剂 B		
AFM$_1$ 含量（μg/L）	0.043	0.053 5	0.008	0.441 7
AFM$_1$ 排泄量[2]（μg/d）	0.891	1.110 0	0.012	0.247 4
转化率[3]（%）	0.531	0.661 0	0.007	0.418 5

注：[1]AF=基础 TMR+8μg/kg AFB$_1$，吸附剂 B=基础 TMR+8μg/kg AFB$_1$+15g/头/d 吸附剂 B

[2]AFM$_1$ 排泄量（μg/d）= 牛奶中 AFM$_1$ 的浓度（ng/L）×产奶量（kg/d）

[3]转化率（%）= AFM$_1$（ng/d）/AFB$_1$ 消耗量（ng/d）×100 的排泄量

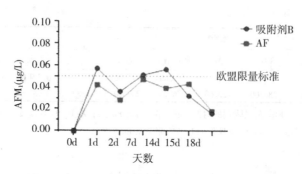

图 4-29　AF 组及吸附剂 B 组牛奶中 AFM$_1$ 水平

　　各处理组之间葡萄糖水平无显著性变化（$P>0.05$）；基础日粮中添加 8μg/kg AFB$_1$ 能影响肝代谢指标，如在 1~14d 攻毒期内极显著增加血清 ALT 浓度（$P<0.01$），并且吸附剂 B 组相对 AF 组和吸附剂 X 组血清 ALT、AST 含量极显著降低（$P<0.01$），但各处理组胆红素（TBIL）含量无显著性变化（$P>0.05$）；在 1~14d 攻毒期内及 15~18d 的毒素清除期中，各处理组之间蛋白质代谢指标如 TP、ALB 及脂质代谢指标如 ALP、NEFA、BHBA 含量均无显著性变化（$P>0.05$）；基础日粮中添加 8μg/kg AFB$_1$ 对血液抗氧化指标如总抗氧化能力（T-AOV）、超氧化物歧化酶（SOD）、谷胱甘肽过氧化物酶（GSPx）及丙二醛（MDA）的影响不显著（$P>0.05$）；在攻毒期及清除期中，不同处理组间的免疫指标 IgA、IgG、IgM 无显著差异（$P>0.05$）。此外，添加 8μg/kg AFB$_1$ 及吸附剂 B、吸附剂 X 对奶牛血清二胺氧化酶（DAO）、肿瘤相关指标 D-乳酸（D-LA）、内毒素（LPS）无显著性影响（$P>0.05$）。

第五章 饲料霉菌毒素脱霉剂中重金属、二噁英及类似物监测工作总结

第一节 监测背景和意义

目前市场上霉菌毒素吸附剂种类繁多，主要包括甘露聚糖、水合硅铝酸钙钠、沸石、活性炭、消胆胺以及某些黏土，如膨润土、海泡石和高岭土等等。对其吸附能力和吸附特异性的研究证实，这些吸附剂能不同程度地清除霉菌毒素。然而，在使用过程中均存在一定问题，主要包括：①霉菌毒素吸附剂原料来源复杂，其中有一部分是未经饲料管理部门许可使用的；②目前，黏土类吸附剂受地质条件及加工过程、工艺的影响，存在重金属污染的情况；③市场上销售的霉菌毒素吸附剂往往都是复合吸附剂产品，存在重金属污染的情况；④二噁英及其类似物作为一项重要的环境污染物，越来越受到重视；⑤目前国家针对吸附剂产品的重金属及二噁英及其类似物的标准尚未形成。因此，这项监测研究可为行业主管部门提供必要的技术基础数据。

第二节 样品采集与监测结果

一、样品采集情况

监测对象为霉菌毒素吸附剂原料生产商及供应商、饲料生产企业的饲料用沸石、麦饭石、蒙脱石、膨润土、酵母细胞壁、多糖和霉菌毒素吸附剂等

产品，主要监测上述产品中铅、砷、镉、铬等元素的含量。此次调查按照中华人民共和国国家标准《饲料 采样》（GB/T 14699.1—2005）规定的方法，共抽取饲料用霉菌毒素吸附剂原料及产品 59 批次，其中沸石粉 7 批次，麦饭石 8 批次，蒙脱石 19 批次，膨润土 10 批次、酵母细胞壁和多糖 5 批次，霉菌毒素吸附剂产品 10 批次。具体样品及检测情况见附录 2。

二、监测项目与监测方法

根据饲料卫生标准和产品主含有元素，将铅、砷、镉、铬等 4 项指标确定为监测项目。检测方法全部采用国家标准，主要包括《饲料中铅的测定方法》（GB 13080—2018）、《饲料中总砷的测定方法》（GB 13079—2006）、《饲料中铬的测定方法》（GB/T 13088—2006）、《饲料中镉的测定方法》（GB/T 13082—1991）等。

第三节 检测结果分析

一、七类产品中不同重金属含量横向比较

矿物质产品中重金属及微量元素检测结果统计如表 5-1 所示。

表 5-1 矿物质产品中重金属及微量元素检测结果

项目	铅（mg/kg）	砷（mg/kg）	镉（mg/kg）	铬（mg/kg）
平均值	18.25	1.92	0.19	15.61
最小值	—	0.06	—	—
最大值	55.53	16.67	0.65	102.76

铅：按照现行饲料卫生标准中关于石粉中铅的限量标准 10mg/kg 为判定限，在抽取的所有产品中，铅含量超过 10mg/kg 的占 55.93%，铅含量最高达 55.53mg/kg，超过卫生标准 5.5 倍。超标样品主要集中在沸石粉、蒙脱石、膨润土和麦饭石类产品中（表 5-2，图 5-1）。

表5-2　铅含量检测结果

检测含量	10mg/kg 以下	10~20mg/kg	20~30mg/kg	30~40mg/kg	40mg/kg 以上
样品个数	26	12	9	7	5
占总量的百分含量	44.07	20.34	15.25	11.86	8.47

砷：按照现行饲料卫生标准中关于石粉中砷的限量标准 10mg/kg 为判定限，在抽取的所有产品中，砷含量不超过 10mg/kg 的占 94.92%，砷含量最高达 16.67mg/kg，超过卫生标准 1.6 倍（表5-3，图5-2）。

表5-3　砷含量检测结果

检测含量	10mg/kg 以下	10~20mg/kg
样品个数	56	3
占总量的百分含量	94.92	5.08

镉：按照现行饲料卫生标准中关于石粉中镉的限量标准 0.75mg/kg 为判定限，在抽取的所有产品中，镉含量不超过 0.75mg/kg 的占 98.31%，镉含量最高达 1.69mg/kg，超过卫生标准 2 倍（表5-4，图5-3）。

表5-4　镉含量检测结果

检测含量	0.75mg/kg 以下	10~20mg/kg
样品个数	58	1
占总量的百分含量	98.31	1.69

铬：我国饲料卫生标准对矿物质产品中的铬未规定控制限。在抽取的所有产品中，铬含量超过 10mg/kg 的占 27.12%，铬含量最高达 102.76mg/kg。含量超过 10mg/kg 样品主要集中在膨润土、麦饭石类产品中和个别霉菌毒素脱霉剂产品中（表5-5，图5-4）。

表5-5　铬含量检测结果

检测含量	1mg/kg 以下	1~5mg/kg	5~10mg/kg	10~30mg/kg	30~50mg/kg	50mg/kg 以上
样品个数	16	22	5	5	8	4
占总量的百分含量	27.12	37.29	8.47	8.47	13.56	5.08

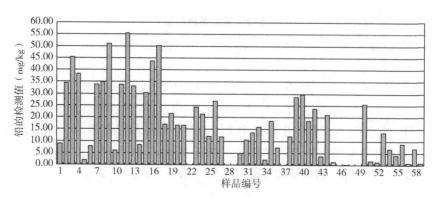

图 5-1　样品中铅的检测结果

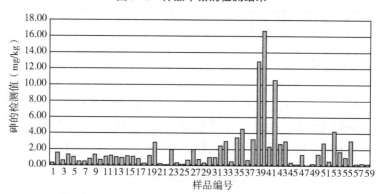

图 5-2　样品中砷的检测结果

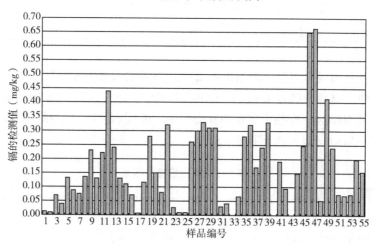

图 5-3　样品中镉的检测结果

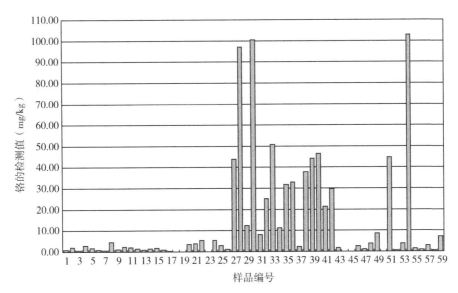

图 5-4　样品中铬的检测结果

二、相同产品中不同重金属检测情况分析

（一）沸石粉

沸石粉是天然斜发沸石或丝光沸石经粉碎获得的产品。共检测沸石产品7个，监测项目为铅、砷、镉、铬4项指标（表5-6）。

表 5-6　沸石产品中铅、砷、镉、铬检测结果

项目	铅 （mg/kg）	砷 （mg/kg）	镉 （mg/kg）	铬 （mg/kg）
批次	7	7	7	7
平均值	19.63	0.90	0.15	3.68
最小值	—	0.11	0.01	—
最大值	26.97	2.85	0.28	5.58

有3批次样品中铅的检测结果在沸石粉产品标准控制限20mg/kg以上，超标率达到了42.86%，最高含量为26.97 mg/kg，最低含量为12.01mg/kg。

砷只有一批次样品超过沸石粉产品标准控制限 2mg/kg，达到2.85mg/kg。

沸石样品中镉含量的平均水平为 0.15mg/kg，最高为 0.28mg/kg，沸石中的镉的检测结果均在饲料卫生标准控制限 10mg/kg 以内。

沸石样品中铬含量的平均水平为 3.68mg/kg，最高为 5.58mg/kg，沸石中的铬目前没有判定标准。

（二）麦饭石

麦饭石是指天然的无机硅铝酸盐。共检测麦饭石产品 8 个，监测项目为铅、砷、镉、铬 4 项指标（表 5-7）。

表 5-7　麦饭石中铅、砷、镉、铬检测结果

项目	铅 （mg/kg）	砷 （mg/kg）	镉 （mg/kg）	铬 （mg/kg）
批次	8	8	8	8
平均值	9.79	1.39	0.19	43.46
最小值	—	0.31	0.01	8.03
最大值	15.83	3.03	0.33	100.60

麦饭石样品中最高铅含量为 15.83mg/kg，平均水平为 9.79mg/kg，麦饭石样品中的铅含量目前没有判定标准。

麦饭石样品中砷的检测结果有 2 批次超过 2mg/kg，最高为 3.03mg/kg，平均水平为 1.39mg/kg，麦饭石样品中的砷含量目前没有判定标准。

麦饭石样品中镉含量的平均水平为 0.19mg/kg，最高为 0.33mg/kg，麦饭石中的镉含量目前没有判定标准。

麦饭石样品中铬含量的平均水平为 43.46mg/kg，最高为 100.6mg/kg，麦饭石样品中的铬含量目前没有判定标准。

（三）蒙脱石

蒙脱石是由颗粒极细的水合硅铝酸盐构成的矿物，一般为块状或土状。蒙脱石是膨润土的功能成分，需要从膨润土中提纯获得。共检测蒙脱石产品 19 个，监测项目为铅、砷、镉、铬 4 项指标（表 5-8）。

表 5-8　蒙脱石中铅、砷、镉、铬检测结果

项目	铅 （mg/kg）	砷 （mg/kg）	镉 （mg/kg）	铬 （mg/kg）
批次	19	19	19	19
平均值	29.25	0.94	0.19	1.57

（续表）

项目	铅 （mg/kg）	砷 （mg/kg）	镉 （mg/kg）	铬 （mg/kg）
最小值	6.12	0.32	0.07	—
最大值	55.53	1.57	0.44	4.76

样品中铅的检测结果，除 7 批次检测出的铅含量在 10mg/kg 以下外，其余 63.16%样品中的铅含量都在 30mg/kg 以上。最高含量为 55.53 mg/kg，含量的平均水平为 29.25mg/kg，铅含量普遍较高。蒙脱石样品中的铅含量目前没有判定标准。

砷均未超过 2mg/kg，最高含量达到 1.57mg/kg，平均水平为 0.94mg/kg，蒙脱石样品中的砷含量目前没有判定标准。

镉含量的平均水平为 0.19mg/kg，最高为 0.44mg/kg，蒙脱石中的镉含量目前没有判定标准。

铬含量的平均水平为 1.57mg/kg，最高为 4.76mg/kg，蒙脱石中的铬含量目前没有判定标准。

（四）膨润土

膨润土（斑脱岩、膨土岩）是以蒙脱石为主要成分的黏土岩——蒙脱石黏土岩。共检测膨润土产品 10 个，监测项目为铅、砷、镉、铬 4 项指标（表 5-9）。

表 5-9 膨润土中铅、砷、镉、铬检测结果

项目	铅 （mg/kg）	砷 （mg/kg）	镉 （mg/kg）	铬 （mg/kg）
批次	10	10	10	10
平均值	18.11	6.00	0.18	27.58
最小值	—	0.67	—	—
最大值	29.64	16.67	0.33	46.52

样品中铅的检测结果有 4 批次样品含量达到了 20~30mg/kg，有 3 批次样品含量达到了 10~20mg/kg，有 3 批次样品含量在 10mg/kg 以下。平均水平为 18.11mg/kg，最高为 29.64mg/kg，铅含量普遍较高，存在较高的超标

风险。膨润土中的铅含量目前没有判定标准。

样品中砷的检测结果有 3 批次样品含量达到了 10~20mg/kg，有 7 批次样品含量在 10mg/kg 以下。平均水平为 6mg/kg，最高为 16.67mg/kg，砷含量普遍较高，存在较高的超标风险。膨润土中的砷含量目前没有判定标准。

镉含量的平均水平为 0.18mg/kg，最高为 0.33mg/kg，膨润土中的镉含量目前没有判定标准。

铬含量的平均水平为 27.58mg/kg，最高为 46.52mg/kg。只有 3 个批次小于 10mg/kg；2 批次样品在 20~30mg/kg；3 批次样品在 30~40mg/kg；2 批次样品在 40~50mg/kg。膨润土中的铬含量目前没有判定标准，但其铬的含量很高，超标风险很大。

（五）酵母细胞壁和多糖类

共检测酵母细胞壁和多糖类产品 5 个，监测铅、砷、镉、铬 4 项指标（表 5-10）。

表 5-10　酵母细胞壁和多糖类铅、砷、镉、铬检测结果

项目	铅 （mg/kg）	砷 （mg/kg）	镉 （mg/kg）	铬 （mg/kg）
批次	5	5	5	5
平均值	0.47	0.43	0.17	4.03
最小值	—	0.06	—	—
最大值	1.24	1.34	0.25	8.73

铅含量的平均水平为 0.47mg/kg，最高为 1.24mg/kg，酵母细胞壁和多糖类产品中的铅含量目前没有判定标准，但总体风险不大。

砷含量的平均水平为 0.43mg/kg，最高为 1.34mg/kg，酵母细胞壁和多糖类产品中的砷含量目前没有判定标准，但总体风险不大。

镉含量的平均水平为 0.17mg/kg，最高为 0.25mg/kg，酵母细胞壁和多糖类产品中的镉含量目前没有判定标准，但总体风险不大。

铬含量的平均水平为 4.03mg/kg，最高为 8.73mg/kg，酵母细胞壁和多糖类产品中的铬含量目前没有判定标准，但有 3 个样品的检测值超过了 2mg/kg，存在一定的超标风险。

（六）霉菌毒素脱霉剂产品

共检测霉菌毒素脱霉剂产品 10 个，监测铅、砷、镉、铬 4 项指标（表5-11）。

表5-11　10个霉菌毒素脱霉剂产品铅、砷、镉、铬检测结果

项目	铅（mg/kg）	砷（mg/kg）	镉（mg/kg）	铬（mg/kg）
批次	10.00	10.00	10.00	10.00
平均值	7.04	1.55	0.26	18.34
最小值	0.96	0.22	0.07	—
最大值	25.53	4.26	0.65	102.76

铅含量的平均水平为 7.04mg/kg，最高为 25.53mg/kg，霉菌毒素脱霉剂产品中的铅含量目前没有判定标准，但有 2 个样品含量超过 10mg/kg，存在一定的超标风险。

砷含量的平均水平为 1.55mg/kg，最高为 4.26mg/kg，霉菌毒素脱霉剂产品中的砷含量目前没有判定标准，但有 3 批次样品含量超过 2mg/kg，存在一定的超标风险。

镉含量的平均水平为 0.126mg/kg，最高为 0.65mg/kg，霉菌毒素脱霉剂产品中的镉含量目前没有判定标准，但总体风险不大。

铬含量的平均水平为 18.34mg/kg，最高为 102.76mg/kg，霉菌毒素脱霉剂产品中的铬含量目前没有判定标准，但有 2 个样品的检测值达到了102.76mg/kg 和 44.77mg/kg，存在一定的超标风险。

三、11 款霉菌毒素脱霉剂产品中二噁英及其类似物含量比较

筛选了 11 种产品送往德国库资研究院（Institute Kurz Gmbh）进行二噁英、二噁英类多氯联苯及非二噁英类多氯联苯物质含量的检测，具体结果见表5-12。其中除了一款脱毒剂产品二噁英及类二噁英类多氯联苯的总含量偏高，超出欧盟规定限量标准外，其他含量都比较低。并且所有抽查产品的多氯联苯（PCB，以 PCB28、PCB52、PCB101、PCB138、PCB153、PCB180

之和计）含量都在饲料卫生指标规定的限量范围内。在抽检的 11 种霉菌毒素脱毒剂产品中，多氯联苯（PCB，以 PCB28、PCB52、PCB101、PCB138、PCB153、PCB180 之和计）含量都在饲料卫生标准的限量范围内。二噁英及类二噁英多氯联苯物质含量超标的有一种，其他产品中二噁英含量都比较低。

表 5-12　11 款霉菌毒素脱霉剂产品中二噁英及其类似物含量检测结果

检测指标	PCDD/PCDF 和 DL-PCBs ng BEQ/kg 产品	PCDD/PCDF ng BEQ/kg 产品	PCB 028（μg/kg 产品）	PCB 052（μg/kg 产品）	PCB 101（μg/kg 产品）	PCB 138（μg/kg 产品）	PCB 153（μg/kg 产品）	PCB 180（μg/kg 产品）	Sum ndl-PCBs（μg/kg 产品）
检测方法	CALUX 生物检测法	CALUX 生物检测法	GC-ECD	GC-ECD	GC-ECD	GC-ECD	GC-ECD	GC-ECD	估算值
1	0.29	—	<0.1	<0.1	<0.1	<0.1	<0.1	<0.1	0.6*
2	0.36	—	<0.1	<0.1	<0.1	<0.1	<0.1	<0.1	0.6*
3	<0.1**	—	<0.1	<0.1	<0.1	<0.1	<0.1	<0.1	0.6*
4	<0.1**	—	<0.1	<0.1	<0.1	<0.1	<0.1	<0.1	0.6*
5	<0.1**	—	<0.1	<0.1	<0.1	<0.1	<0.1	<0.1	0.6*
6	0.094	—	<0.1*	<0.1*	<0.1*	<0.1*	<0.1*	<0.1*	0.6*
7	<0.09**	—	<0.1	<0.1	<0.1	<0.1	<0.1	<0.1	0.6*
8	4.5	4.4	<0.1	<0.1	<0.1	<0.1	<0.1	<0.1	0.6*
9	0.09**	—	<0.1	<0.1	<0.1	<0.1	<0.1	<0.1	0.6*
10	0.32	—	<0.1*	<0.1*	<0.1*	<0.1*	<0.1*	<0.1*	0.6*
11	0.17**	—	<0.1	<0.1	<0.1	<0.1	<0.1	<0.1	0.6*

＊设定低于检测限的同源物的检测值为检测限值，从而计算 ndl-PCBs 的总和

＊＊对于检测限（LOQ）以下的结果，在小于号后面列出限值

第四节　结　论

（1）黏土类霉菌毒素脱霉剂产品中铅的含量水平比较高，铅含量超过 10mg/kg 的占 55.93%，平均水平为 18.25mg/kg，铅含量最高达 55.53mg/kg。样品主要集中在沸石粉、蒙脱石、膨润土和麦饭石类产品中。其次在抽取的所有产品中，铬含量超过 10mg/kg 的占 27.12%，平均水平为 15.61mg/kg，铬含量最高达 102.76mg/kg。含量超过 10mg/kg 样品主要集中在膨润土、麦饭石类产品中。铅和铬是此类产品存在风险最大的 2 个卫生

指标。

（2）沸石粉有 3 批次样品中铅的检测结果在饲料卫生标准控制限 20mg/kg 以上，超标率达到了 42.86%。麦饭石样品中铬含量的平均水平为 43.46mg/kg。蒙脱石样品中除 7 批次检测出的铅含量在 10mg/kg 以下外，其余 63.16% 样品中的铅含量都在 30mg/kg 以上，含量的平均水平为 29.25mg/kg。膨润土中铅的检测结果有 7 批次样品含量达到了 10~30mg/kg，平均水平为 18.11mg/kg；砷的检测结果有 3 批次样品含量达到了 10~20mg/kg，平均水平为 6mg/kg；铬含量的平均水平为 27.58mg/kg，7 批次样品在 10~50mg/kg。以上原料中的卫生指标普遍含量较高，存在较大的风险。

（3）酵母细胞壁和多糖类产品重金属卫生指标总体来说风险不大。

（4）霉菌毒素脱霉剂产品由于其基本上是复合物，其中含有黏土类吸附剂、酵母细胞壁等成分，其各组分所占比例也不尽相同，所以样品监测值变化比较大，但铬含量的平均水平为 18.34mg/kg，最高为 102.76mg/kg，是风险最大的卫生指标。

第五节　建　议

第一，建议增加预警监测的项目和监测区域，继续开展重金属预警监测。针对此次预警监测中发现的问题，应继续做深入调查分析，对确实存在安全隐患产品的企业应责令其停业整顿，并封存产品，确保饲料产品安全。

第二，建议重新修订饲料卫生标准，增加黏土类霉菌毒素脱霉剂饲料原料中有关重金属最大限量标准值，如镉、铬等有害重金属项目。

第三，应进一步加强进口霉菌毒素脱霉剂的监测，在进口霉菌毒素脱霉剂产品中有 2 批次样品铬含量分别达到了 102.76mg/kg 和 44.77mg/kg。

第六章　饲料霉菌毒素脱霉剂对饲料中营养物质吸附的研究

一、试验目的

评价霉菌毒素吸附剂产品在体外吸附维生素 B_2、氨基酸（赖氨酸、蛋氨酸）、铜、铁等营养元素的效率。

二、营养元素标准液

按照添加量计算，分别称取适量的营养元素，将其溶解到去离子水中，定容至 1L。

铜：10mg/L 五水硫酸铜。

铁：100mg/L 一水硫酸亚铁。

赖氨酸：10g/L。

蛋氨酸：5g/L。

维生素 B_2：60mg/L。

三、体外检测步骤

（1）将 30mL 某种营养元素标准液加入含 60mg 吸附剂样品的 50mL 离心管中（吸附剂的用量为 0.2%），每个处理 2 个重复。

（2）涡旋混合 1min，封盖，置于 37℃水浴摇床中 150r/min 保持 2h 后，再在 11 000r/min 条件下离心 8min。

（3）将上清液转移到干净的 50mL 离心管中；对照组为不添加吸附剂的标准液，处理同试验组。

（4）使用下面公式计算吸附效率。

吸附率（%）＝（标准液中某营养元素浓度－吸附剂添加组中某营养元素浓度）／标准液中某营养元素浓度×100

四、检测

1. 铜、铁
焰原子吸收分光光度法，样品经一定倍数稀释后上机。
检测波长：铁 248nm，铜 324nm
2. 维生素 B_2
效液相色谱检测，样品过 $0.22\mu m$ 有机滤膜后上机检测。
色谱柱：长 150mm，内径 3.9mm，不锈钢柱。
固定相：NoVa-pak C18，粒度 $4\mu m$，或相当的 C18 柱。
流速：0.80mL/min。
温度：25~28℃。
检测器：紫外或二极管矩阵检测器，使用波长为 267nm。
保留时间：约 10min。
3. 赖氨酸和蛋氨酸
氨基酸分析仪，样品过 $0.22\mu m$ 有机滤膜后上样检测。
色谱柱：长 150mm，阴离子交换柱。
流速：0.45mL/min。
检测器：双波长激发波长 Ex570nm，发射波长 Em440nm。

五、部分抽检结果分析

对从市场收集的 9 款霉菌毒素吸附剂产品体外吸附营养物质的水平进行了评价，具体结果见表 6-1。从抽检结果来看，几乎所有霉菌毒素吸附剂对 2 种氨基酸（赖氨酸和蛋氨酸）以及维生素 B_2 都有一定的吸附作用，对赖氨酸的吸附最高达 16.93%，对蛋氨酸的吸附最高达 24.23%，对维生素 B_2 的吸附最高达 26.25%。抽检的 9 种霉菌毒素吸附剂产品对铜都没有显示有吸收效果，除了其中两款产品对铁没有表现出吸附效果外，其他 7 款产品都或多或少对铁有吸附效果，最高达 14.31%。

表 6-1　霉菌毒素吸附剂产品体外吸附营养物质（吸附率）测定结果

pH 值=3.0	铁（%）	铜（%）	赖氨酸（%）	蛋氨酸（%）	维生素 B_2（%）
BMQ 复合	3.51	0.00	14.69	6.38	19.76
BMK 复合	5.32	0.00	14.33	11.12	26.25
HZM 蒙脱石	0.00	0.00	16.93	23.42	17.63
RL 蒙脱石	10.90	0.00	9.81	10.34	19.47
HLTG 蒙脱石	5.32	0.00	13.26	18.78	19.91
SHHAI 细胞壁	7.35	0.00	4.62	23.25	18.29
HMJI 型复合	9.96	0.00	12.32	15.13	5.83
HMJIII 型复合	14.31	0.00	12.26	12.65	4.20
MGTD 沸石	0.00	0.00	12.16	24.23	11.14
平均	6.30	0.00	14.05	16.14	15.83

第七章 "饲料霉菌毒素脱霉剂有效性评价方法"课题结论和建议

第一节 体外方法评价体系

时间为1h；模拟动物胃肠道pH值，分别为pH值3.0和pH值6.5；温度为37℃；脱霉剂添加量参照企业建议添加量（污染较严重）一般为0.2%~0.3%；霉菌毒素浓度：黄曲霉毒素为200μg/kg、玉米赤霉烯酮为1 000μg/kg、呕吐毒素为1 000μg/kg。

第二节 动物试验方法（基于动物体内生物标记物的评价方法）

霉菌毒素被动物吸收后，在体内会有代谢产物，不同的毒素代谢产物不同，代谢产物的水平也能体现动物的中毒程度；传统的动物攻毒试验，通常需要屠宰动物，取内脏器官和组织，检测相关指标，试验难度和试验成本都非常高，可操作性不强。为了降低试验难度，我们采取了检测毒素在体内代谢产物的方式来替代屠宰动物，能够真实反映脱霉剂产品在体内的脱毒作用，同时也节约了试验成本，降低了试验难度。目前，已知的常见霉菌毒素在体内的代谢产物分别是黄曲霉毒素 P_1、黄曲霉毒素 M_1、黄曲霉毒素 Q_1、黄曲霉毒素 B_2、α-玉米赤霉烯醇和β-玉米赤霉烯醇、脱环氧-脱氧雪腐镰刀菌烯醇等。

霉菌毒素脱毒剂产品有效性评价体内动物试验方案见表7-1。

表 7-1　霉菌毒素脱毒剂产品有效性评价体内动物试验方案

霉菌毒素	动物种类和生理期[2]	饲料中脱毒剂添加量	饲料中毒素浓度（自然霉变）[3]	生长性能指标	生物标记物[1]
黄曲霉毒素 B_1	泌乳期奶牛/产蛋鸡	1~2kg/t	10~20μg/kg	产奶量、产蛋率	牛奶黄曲霉毒素 M_1
呕吐毒素	体重 30kg 以上生长猪	1~2kg/t	1 000~2 000μg/kg	日增重、日采食量、料重比	血清和粪便中的 DON/DOM-1
玉米赤霉烯酮	体重 30kg 以上后备母猪	1~2kg/t	500~1 000μg/kg	外阴形状、颜色	血浆中的 α-玉米赤霉烯酮，β-玉米赤霉烯醇
赭曲毒素 A	体重 30kg 以上生长猪	1~2kg/t	100μg/kg	日增重、日采食量、料重比	肾脏或者血清中的赭曲毒素 A
B_1 伏马毒素+ B_2 伏马毒素	断奶仔猪或 10kg 以上仔猪	1~2kg/t	3 000~5 000μg/kg	日增重、日采食量、料重比	血液中二氢神经鞘氨醇/鞘氨醇

注：[1] 欧盟食品安全委员会（EFSA）在 2013 年提出检测霉菌毒素在动物体内的代谢产物——生物标记物 Bio-markers 来验证脱霉剂产品的有效性，此方法已经在欧盟国家开始应用

[2] 动物试验设预饲期 1 周，正试期 3~4 周，恢复期 3 周以上

[3] 自然霉变饲料，确定一种主污染毒素，其他毒素限制在较低水平

第三节　体外吸附效率检测方案

体外吸附黄曲霉毒素 B_1（AFB_1）、呕吐毒素（DON）、玉米赤霉烯酮（ZEA）、伏马毒素 B_1（FB_1）和赭曲霉毒素（OTA）效率检测方案如下。

体外吸附黄曲霉毒素 B_1（AFB_1）效率检测方案

一、目的

检测吸附剂样品在体外（pH 值 3.0 和 6.5）吸附 AFB_1 的效率。

二、缓冲液

柠檬酸盐缓冲液：使 pH 值最终达到 3.0。
磷酸盐缓冲液：使 pH 值最终达到 6.5。

三、霉菌毒素标准液

将 10mL AFB_1 工作液，添加到上述柠檬酸盐或磷酸盐缓冲液中，定容至 100mL。AFB_1 的终浓度为 0.2μg/mL（200μg/kg）。

四、体外检测步骤

将 10mL 霉菌毒素标准液加入含 20mg 吸附剂样品的 50mL 离心管中（吸附剂的用量为 0.2%）。

涡旋混合 1min，封盖，置于 37℃ 水浴摇床中（150r/min）。

保持 2h 后，8 000r/min 离心 5min。

吸取 1mL 上清液与等体积的甲醇混合，过 0.22μm 的有机滤膜，进样 HPLC 分析。

使用下列公式计算吸附效率：

吸附率（%）＝1.0-［（吸附剂样品峰面积-无毒素的阴性对照）/霉菌

毒素标准液对照峰面积］×100%

五、高效液相色谱检测（图7-1）

色谱柱：Venusil XBP C-18（L），5μm。

流动相：甲醇/乙腈/水（22：22：56）。

流速：1mL/min。

进样体积：10μL。

温度：40℃。

时间：25min（12min 左右出峰），基本每个样品需要 20min。

检测器：多波长荧光检测器，激发波长 Ex365nm，发射波长 Em430nm。

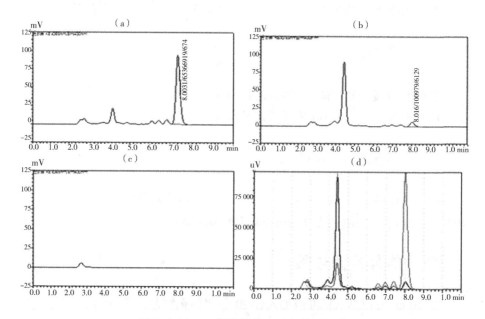

图7-1 AFB1 脱毒样品 HPLC 检测图谱

（a）AFB1 工作液谱图；（b）AFB1 脱毒剂样品谱图；（c）AFB1 空白对照样品谱图；（d）AFB1 工作液、脱毒剂样品及空白样谱图对比

体外吸附呕吐毒素（DON）效率试验方案

一、目的

检测吸附剂样品在体外（pH 值 3.0 和 6.5）吸附 DON 的效率。

二、缓冲液

柠檬酸盐缓冲液：将 0.1mol/L 柠檬酸溶液与 0.2mol/L 磷酸氢二钠溶液按适当比例混合，使 pH 值最终达到 3.0。

磷酸盐缓冲液：将 0.1mol/L 的磷酸二氢钠溶液与 0.1mol/L 磷酸氢二钠溶液按适当比例混合，使 pH 值最终达到 6.5。

三、霉菌毒素标准液

将 1mL DON 甲醇储备液（100mg/kg）添加到上述柠檬酸盐或磷酸盐缓冲液中，定容至 100mL。DON 的终浓度为 1μg/mL（1 000μg/kg）。

四、体外检测步骤

将 10mL 霉菌毒素标准液加入含 20mg 吸附剂样品的 50mL 离心管中（吸附剂的用量为 0.2%）。

涡旋混合 1min，封盖，置于 37℃ 水浴摇床中（150r/min）。

保持 2h 后，8 000r/min 离心 5min。

吸取 1mL 上清液与等体积的甲醇混合，过 0.22μm 有机滤膜，进样 HPLC 分析。

使用下列公式计算吸附效率：

吸附率（%）＝ 1.0 - [（脱霉剂样品峰面积-无毒素的阴性对照）/霉菌毒素标准液对照峰面积] ×100%

五、高效液相色谱检测（图 7-2）

色谱柱：Venusil XBP C-18（L），5μm。

流动相：水/甲醇（8/2）。

流速：1mL/min。

温度：30℃。

进样体积：10μL 检测时进样量要大些为 50μL。

检测器：VWD 检测器，波长 220nm。

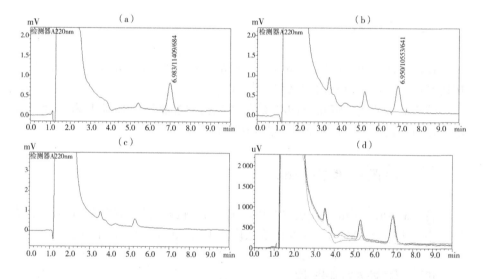

图 7-2 DON 脱毒样品 HPLC 检测图谱

（a）DON 工作液谱图；（b）DON 脱毒剂样品谱图；（c）DON 空白对照样品谱图；（d）DON 工作液、脱毒剂样品及空白样谱图对比

体外吸附玉米赤霉烯酮（ZEA）效率试验方案

一、目的

检测吸附剂样品在体外（pH值3.0和6.5）吸附ZEA的效率。

二、缓冲液

柠檬酸盐缓冲液：将0.1mol/L柠檬酸溶液与0.2mol/L磷酸氢二钠溶液按适当比例混合，使pH值最终达到3.0。

磷酸盐缓冲液：将0.1mol/L的磷酸二氢钠溶液与0.1mol/L磷酸氢二钠溶液按适当比例混合，使pH值最终达到6.5。

三、霉菌毒素标准液

将50μL ZEA甲醇储备液（1mg/mL）添加到上述柠檬酸盐或磷酸盐缓冲液中，定容至100mL。ZEA的终浓度为1μg/mL（1 000μg/kg）。

四、体外检测步骤

将10mL霉菌毒素标准液加入含20mg吸附剂样品的50mL离心管中（吸附剂的用量为0.2%）。

涡旋混合1min，封盖，置于37℃水浴摇床中（150r/min）。

保持2h后（此处可以过夜，或者时间更长），8 000r/min离心5min。

吸取1mL上清液与等体积的甲醇混合，过0.22μm有机滤膜，进样HPLC分析。

使用下列公式计算吸附效率：

吸附率（%）＝1.0－［（吸附剂样品峰面积－无毒素的阴性对照）/霉菌毒素标准液对照峰面积］×100%

五、高效液相色谱检测（图7-3）

色谱柱：Venusil XBP C-18（L），5μm。

流动相：乙腈/水/甲醇（46：46：8）。

流速：1mL/min。

进样体积：10μL，如果是检测，进样量为50μL。

温度：30℃。

平稳后压力：81bar 左右。

时间：25min（6.481min 左右出峰）。

检测器：Waters 多波长荧光检测器，激发波长 Ex235nm，发射波长 Em 460nm。

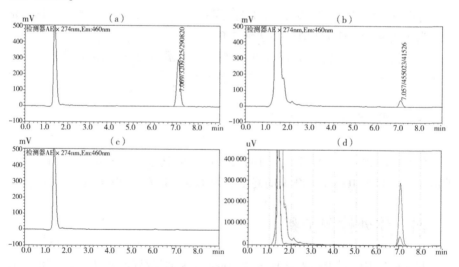

图7-3　ZEA 脱毒样品 HPLC 检测图谱

（a）ZEA 工作液谱图；（b）ZEA 脱毒剂样品谱图；（c）ZEA 空白对照样品谱图；
（d）ZEA 工作液、脱毒剂样品及空白样谱图对比

体外吸附伏马毒素 B_1（FB_1）效率试验方案

一、目的

检测吸附剂样品在体外（pH 值 3.0 和 6.5）吸附 FB_1 的效率。

二、缓冲液

柠檬酸盐缓冲液：将 0.1mol/L 柠檬酸溶液与 0.2mol/L 磷酸氢二钠溶液按适当比例混合，使 pH 值最终达到 3.0。

磷酸盐缓冲液：将 0.1mol/L 的磷酸二氢钠溶液与 0.1mol/L 磷酸氢二钠溶液按适当比例混合，使 pH 值最终达到 6.5。

三、霉菌毒素标准液

将 5mL FB_1 甲醇储备液（100mg/kg）添加到上述柠檬酸盐或磷酸盐缓冲液中，定容至 100mL。FB_1 的终浓度为 5μg/mL。

四、体外检测步骤

将 10mL 霉菌毒素标准液加入含 20mg 吸附剂样品的 50mL 离心管中（吸附剂的用量为 0.2%）。

涡旋混合 1min，封盖，置于 37℃ 水浴摇床中（150r/min）。

保持 2h 后（此处可以过夜，或者时间更长），8 000r/min 离心 5min。

吸取 1mL 上清液与等体积的甲醇混合，过 0.22μm 有机滤膜，进样 HPLC 分析。

使用下列公式计算吸附效率：

吸附率（%）= 1.0- ［（吸附剂样品峰面积–无毒素的阴性对照）/霉菌毒素标准液对照峰面积］×100%

五、高效液相色谱检测（7-4）

色谱柱：ZORBAX SB-C18，4.6mm×150mm，5μm，或相当者。

流动相：

A. 甲酸水溶液（0.1%）；B. 甲醇，流动相 A∶B＝40∶60；C. 衍生液，称取 2g 邻苯二甲醛，溶于 20mL 甲醇中，用硼砂溶液（0.05mol/L，pH 值 10.5）稀释至 500mL，加入 2-巯基乙醇 500μL，混匀，过 0.45μm 滤膜，装入棕色瓶中，现用现配。

流动相流速：0.8mL/min。

衍生液流速：0.4mL/min。

进样体积：10μL。

柱温：40℃或室温。

反应器温度：40℃。

时间：20min。

检测器：岛津多波长荧光检测器：激发波长 Ex335nm，发射波长 Em 440nm。

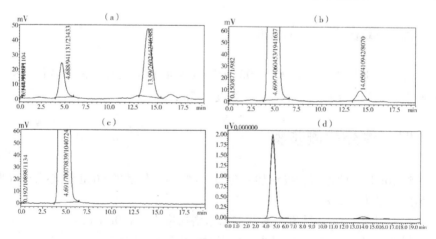

图7-4 FB1 脱毒样品 HPLC 检测图谱

（a）FB₁ 工作液谱图；（b）FB₁ 脱毒剂样品谱图；（c）FB₁ 空白对照样品谱图；（d）FB₁ 工作液、脱毒剂样品及空白样谱图对比

体外吸附赭曲霉毒素（OTA）效率试验方案

一、目的

检测吸附剂样品在体外（pH 值 3.0 和 6.5）吸附 OTA 的效率。

二、缓冲液

柠檬酸盐缓冲液：将 0.1mol/L 柠檬酸溶液与 0.2mol/L 磷酸氢二钠溶液按适当比例混合，使 pH 值最终达到 3.0。

磷酸盐缓冲液：将 0.1mol/L 的磷酸二氢钠溶液与 0.1mol/L 磷酸氢二钠溶液按适当比例混合，使 pH 值最终达到 6.5。

三、霉菌毒素标准液

将 0.1mL OTA 甲醇储备液（100mg/kg）添加到上述柠檬酸盐或磷酸盐缓冲液中，定容至 100mL。OTA 的终浓度为 0.1μg/mL。

四、体外检测步骤

将 10mL 霉菌毒素标准液加入含 20mg 吸附剂样品的 50mL 离心管中（吸附剂的用量为 0.2%）。

涡旋混合 1min，封盖，置于 37℃ 水浴摇床中（150r/min）。

保持 2h 后（此处可以过夜，或者时间更长），8 000r/min 离心 5min。

吸取 1mL 上清液与等体积的甲醇混合，过 0.22μm 有机滤膜，进样 HPLC 分析。

使用下列公式计算吸附效率：

吸附率（%）= 1.0-［（吸附剂样品峰面积-无毒素的阴性对照）/霉菌毒素标准液对照峰面积］×100%

五、高效液相色谱检测（图7-5）

色谱柱：ZORBAX SB-C18，4.6mm×150mm，5μm，或相当者。

流动相：乙腈：水：冰乙酸（99：99：2）。

流动相流速：1mL/min。

进样体积：10μL。

柱温：35℃或室温。

时间：20min。

检测器：岛津多波长荧光检测器，激发波长 Ex333nm，发射波长 Em 477nm。

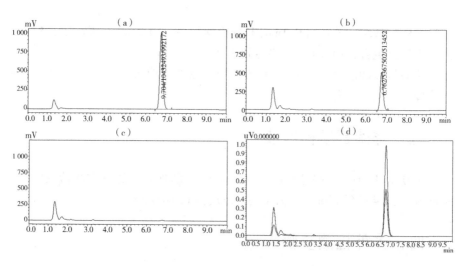

图7-5 OTA 脱毒样品 HPLC 检测图谱

（a）OTA 工作液谱图；（b）OTA 脱毒剂样品谱图；（c）OTA 空白对照样品谱图；
（d）OTA 工作液、脱毒剂样品及空白谱图对比

本项目成果列表

一、论文

共 13 篇，其中 SCI 6 篇，中文核心 6 篇，其他 1 篇。第一或通讯作者 9 篇，其中 SCI 1 篇，中文核心期刊 4 篇，其他 1 篇。

1. 张俊楠，王金全，杨凡，等，2019. 饲料霉菌毒素生物降解研究进展 [J]. 饲料工业（21）：51-58.

2. Krska R，Wang J Q，2019. Setting feed additive standards：An EU and China comparison [J]. Mycotoxins（10）：46-48.

3. Li X M，Li Z Y，Wang Y D，et al.，2019. Quercetin inhibits the proliferation and aflatoxins biosynthesis of *aspergillus flavus* [J]. Toxins，11（3）：154.

4. Wang J Q，Yang F，Yang P L，et al.，2018. Microbial reduction of zearalenone by a new isolated *Lysinibacillus* sp. ZJ-2016-1 [J]. World Mycotoxin Journal，11（4）：571-578.

5. Li F C，Wang J Q，Huang L B，et al.，2017. Effects of Adding *Clostridium* sp. WJ06 on Intestinal Morphology and Microbial Diversity of Growing Pigs Fed with Natural Deoxynivalenol Contaminated Wheat [J]. Toxins，9（12）：383.

6. 王金全，刘杰，杨凡，等，2017. 饲料霉菌毒素脱霉剂产品有效性评价 [J]. 中国猪业，12（6）：48-50.

7. Chang W，Xie Q，Zheng A，et al.，2016. Effects of aflatoxins on growth performance and skeletal muscle of cherry valley meat male ducks [J]. Animal Nutrition，2（3）：186-191.

8. 谢庆，孙满吉，常文环，等，2015. 黄曲霉毒素与吸附剂对肉鸭生长性能和免疫指标的影响 [J]. 动物营养学报，27（1）：204-211.

9. 谢庆，常文环，刘国华，等，2014. 黄曲霉毒素对家禽的危害与脱毒技术 [J]. 动物营养学报，26（12）：3572-3578.

10. Chen G, Zhang J, Zhang Y, et al., 2014. Oral MSG administration alters hepatic expression of genes for lipid and nitrogen metabolism in suckling piglets [J]. Amino Acids, 46 (1): 245-250.

11. 王金全, 丁建莉, 娜仁花, 等, 2013. 比较几种吸附剂对三种霉菌毒素体外吸附脱毒效果的研究 [J]. 养猪 (1): 9-10.

12. 杨凡, 张俊楠, 王金全, 等, 2020. 霉菌毒素吸附剂对玉米赤霉烯酮脱毒效果的评价研究 [J]. 动物营养学报, 32 (5): 2116-2125.

13. 杨凡, 张俊楠, 王金全, 等, 2020. 玉米赤霉烯酮降解菌的筛选与鉴定 [J]. 中国粮油学报, 7: 104-108+116.

二、专利申请

共申请 4 项专利, 其中发明专利 3 项, 授权 1 项, 实用新型 1 个, 授权 1 项。

1. 王金全, 杨凡, 刘杰, 等, 一株赖氨酸芽孢杆菌及其在降解玉米赤霉烯酮中的应用 (发明专利, 申请号: 201710557775.2, 已授权)。

2. 王金全, 杨凡, 刘杰, 等, 一种玉米赤霉烯酮脱毒剂体内脱毒效果的评价方法 (发明专利, 申请号: CN201810979408)。

3. 王金全, 杨凡, 刘杰, 等, 暹罗芽孢杆菌 ZJ-2018-1 及降解霉菌毒素的菌剂和应用 (发明专利, 申请号: 201811037448.5)。

4. 王金全, 吕宗浩, 刘杰, 等, 一种应用于霉菌毒素对动物影响科研研究的化学喷壶 (实用新型, 申请号: 201720426229.0, 已授权)。

三、已出版著作 1 部

王金全, 2019. 饲料霉菌毒素污染与防控 [M]. 第 1 版. 北京: 中国农业科学技术出版社.

附录 1 国内外饲料霉菌毒素脱霉剂产品评价管理调研报告

调研形式：组织研讨会 2 次；专家交流会 2 次。赴四川、广州、吉林、河北、山东、江西、江苏、内蒙古、北京等生产实践现场调研，以及网络、电话沟通和邮件等方式。先后赴加拿大、荷兰、北爱尔兰、西班牙、泰国等地参加世界霉菌毒素大会并应邀做主题报告。

收集企业资料：奥地利百奥明、法国欧密斯、浙江丰虹、江西迈吉、天宇化工、内蒙古润隆、硕腾、美国安然和帝一方生物等 20 多家企业提供。

调研时间：2013 年 4 月到 2019 年 12 月。

一、国内情况

通过以上调研形式，考察企业的脱霉剂产品评价情况，调查企业 24 家（企业名称见附件 1），含国外企业（包括代理国外产品的企业）8 家。比如，奥地利百奥明、美国安然、硕腾、浙江丰虹等企业提供的资料很具有参考价值，有具体的试验方法，或有已公开发表的文章。国外产品中大部分企业是委托评价检测，部分企业有自己的评价方法。国内有些蒙脱石企业，提出"饲用蒙脱石"企标，但基本是检测蒙脱石产品质量，而并非吸附剂的评价标准。部分企业提供的方法缺乏科学性（比如，脱毒素的物理检测法），但仍有企业在用。另外台湾的朝阳科技大学，已有完善的评价方法（主要参照美国 Trilogy 的方法）。

二、国际情况

据调查，目前国际仅有个别国家有霉菌毒素吸附剂的法规，但是有几家公认的比较成熟的脱霉剂评价实验室，例如，巴西 Lamic 实验室、美国 Trilogy 实验室、奥地利的 Romer 实验室。

（一）美国及 Trilogy 实验室

美国食品药品管理局（FDA）尚未批准任何一种吸附剂产品用于防治霉菌毒素中毒症，但是批准了一些经评估证实安全的吸附剂类物质用于饲料中作为防结块剂和颗粒黏合剂使用（Whitlow，2006）。

Trilogy 实验室测定霉菌毒素吸附剂吸附性能操作方法如下所示。

样品准备：将特定量的吸附剂与 10.0mL 的缓冲液（磷酸氢二钾：pH值=3.0）混合，缓冲液中霉菌毒素的含量为 3mg/kg（3μg/mL=3mg/kg=3 000μg/kg）。

吸附剂量：黄曲霉毒素 1.5mg=0.015%=150g/t；其他霉菌毒素 30mg=0.3%=3kg/t；同时设置对照组（缓冲溶液加入毒素，不添加吸附剂）。

吸附阶段：将混合溶液在 37℃下进行 3h 的振荡搅拌；将含有混合溶液的试管进行离心，从而将吸附剂与溶液中未被吸附的毒素分离；对离心后试管中的上清液使用 HPLC 进行霉菌毒素含量分析，从而可以计算被吸附的毒素量有多少；对 HPLC 分析后剩余的试管上清液进行倾析处理。

解吸附阶段：离心后得到的含有霉菌毒素的吸附剂将进行解析试验；10mL 缓冲溶液（磷酸氢二钾：pH 值=6.5）与脱霉剂（上一步试验离心后含有毒素的吸附剂）混合，在 37℃下进行 3h 的振荡搅拌处理；然后将试管进行离心，分离出吸附剂（仍然吸附一定含量毒素）与上清液（含有从脱霉剂上解吸附下来的霉菌毒素）；对离心后试管中的上清液使用 HPLC 进行霉菌毒素含量分析，从而可以计算被解附的毒素量有多少；对照组使用 HPLC 进行霉菌毒素含量分析。

计算：吸附剂吸附效率。

（二）欧盟及 Romer 实验室

欧盟将霉菌毒素吸附剂（Substances for the reduction of contamination of feed by mycotoxins，SRMC）列入技术性饲料添加剂目录，并规定了 SRMC 体内评价方法的原则。但是，由于体内外实验结果会有很多的不吻合之处，所以体内实验更可信，但是所需的支持数据也需要更多。所以从 EFSA（欧洲食品安全局）的添加剂指南文件——2 528 文件（Guidance for the preparation of dossiers for technological additives）中，3 个物种（禽、单胃动物、反刍动物）验证，每次验证需要 3 个设计严谨、数据可靠的实验来证明产品的有效性，也包括了各种安全性评估，因此说 EFSA 更侧重的是体内试验结果。欧盟认为体外方法仅能作为测定吸附剂性能一种筛选方法，无法准确反映在不同动物体内应用的实际效果。因此，没有不予认可体外方法的有效性。附图1-1是霉菌毒素脱霉剂在欧盟立法过程中的里程碑事件。

2008	2009	2012	2013
欧洲饲料添加剂生产商协会（FEFANA）成立特别工作组	颁布386/2009号和1831/2003号法规	欧洲食品安全局杂志（EFSA Journal）2012,10(1):2528	欧洲委员会食物链和动物健康常务委员会（SCFAH）首次投票通过
新型功能性工艺饲料添加剂组？	建立降低霉菌毒素的工艺饲料添加剂新组别	工艺添加剂文件编制指南	百奥明（BIOMIN）提交两份文件

SCFCAH: Standing Committee on the Food Chain and Animal Health of the European Commission

附图1-1 霉菌毒素脱霉剂在欧盟立法过程中的里程碑事件

Romer实验室测定霉菌毒素脱霉剂吸附性能操作方法：

使用脱霉剂量的计算：

（1）依据客户的需要决定分析用的脱霉剂用量与毒素浓度。

A. 计算脱霉剂使用率（mg/g）

例如：如果客户要求脱霉剂用量是2kg/t

计算方法如下：1t=1 000kg

2kg/t=2kg/1 000kg=1kg/500kg=1g/500g=0.002g/1g

1 000mg=1g

0.002g/1g×1 000mg/1g=2mg/1g

因此，每1g饲料加入2mg脱霉剂，假设1g的饲料相当于动物肠道内容物1mL水，那么2mg的脱霉剂需要1mL的毒素缓冲标准溶液。

B. 称取适当量的脱霉剂±0.1mg。该方法中需要4mL霉菌毒素标准液。称取4倍计算体积的量加入到10mL（15mm×85mm）的培养管中，每种脱霉剂和毒素要3个平行。

（2）霉菌毒素水标准液。确定储备液的量，需要先准备霉菌毒素标准缓冲溶液。研究的毒素标准溶液浓度需要根据客户的需要。标准缓冲溶液的体积取决于实验的数量。

A. 需要缓冲溶液的体积（mL）=［（待研究的脱霉剂数量×3）+4］×4mL

B. 标准储备液的体积（mL）=［需要的毒素浓度（μg/mL）×需要缓

冲溶液的体积（mL）］/储备液的浓度（μg/mL）

按照上述计算取适量制成储备液的干粉。

按照 A. 计算所得，准备标准缓冲溶液。

（3）体外实验。

A. 加 4mL 的标准缓冲溶液到含有待测脱霉剂的培养管中，3 个空白管，只加标准缓冲液

B. 用胶膜封口培养管，放置于 37℃ 箱内 90min，每 15min 旋涡振荡一次

C. 取 1.5mL 样品，在 10 000r/min 条件下，离心 5min

D. 吸取 0.5mL 上清液于 16mm×125mm 培养管中，再加入 1mL 乙腈。样品在 60℃，真空条件下蒸干。按照毒素类别检测毒素

（三）巴西及 Lamic 实验室

巴西人意识到有霉菌毒素问题，成立了一个由霉菌毒素领域的科学家和专家组成的委员会，创立并研发批准抗霉菌毒素添加剂（脱霉剂、脱毒剂）的方法和规定。委员会的结论是执行一个方案，批准抗霉菌毒素脱霉剂要经过 3 个阶段，在霉菌毒素领域被认为是领先的巴西大学进行（被委任进行此方案的是 Federal 大学和 Lamic 实验室）。

Lamic 实验室 3 个阶段实验：①体外实验：批准步骤开始于体外实验，用不同水平的霉菌毒素脱霉剂在不同 pH 值下做，霉菌毒素水平根据要检测的霉菌毒素在 1 000~2 500μg/kg 间不等。如果产品性能较好有效率在 80% 以上才能进入下一阶段。②体内实验：第二阶段是体内实验，根据检测的霉菌毒素要求同一种霉菌毒素同时在 1 000~2 500μg/kg 水平做，并在专门一种动物上检测。③第三个阶段包括每 6 个月再检测一次霉菌毒素脱霉剂体外效果和每 2 年一次体内效果以便保证生产商销售的是跟原来批准的同样的产品。

三、我国饲料霉菌毒素防控产品有效性评价规程及准入制度建立的建议

初步统计，较知名的进口产品约 20 家，国产品牌近 10 多家，市场上约有 30 家公司的产品在竞争。市场上热销的脱霉剂产品 60% 以上是进口产品，脱霉剂产品在进口登记时，由于我国没有统一的检验和评价标准，只能是按照企业提供的检测方法进行检测，不同的检测方法，检测结果差

异较大，无法正确衡量和真实体现进口产品的吸附效果和产品品质，容易造成国外的劣质产品流入国内，给我国的饲料和畜牧业生产带来安全隐患；国产品牌占有的市场份额相对较少，但是近年来增长势头很大，品种和数量逐渐增加，目前都是按照预混合饲料许可办法进行管理，几乎没有产品按照添加剂许可办法进行登记，因此，国产吸附脱毒类产品准入门槛较低，产品质量无法保证，给养殖业带来很大的损失和严重的安全风险。无论国产还是进口产品，目前都没有统一的检测标准和评价方法，评价标准的缺失加大了国家的监管难度，因此，急需建立吸附类脱霉剂产品的评价规程和行业准入制度。

我国霉菌毒素脱霉剂产品缺乏严格的评价程序和科学的方法，有些负责任的企业委托国外的实验室进行测评，但更多的产品是没有经过测评，人为的虚假夸大效果，此类情况严重。抽测的结果看，很多脱霉剂达不到产品宣传的 80% 以上的吸附率，以呕吐毒素为例来说，基本没发现能够有效吸附呕吐毒素的脱霉剂，但市场很多产品宣传自己能够有效吸附呕吐毒素。另外，有部分产品中金属元素超标，据我们抽测进口霉菌毒素脱霉剂，铬有两批次样品含量达到了 102.76mg/kg 和 44.77mg/kg，因此要加强进口霉菌毒素脱霉剂的监测。此外，从业人员专业水平需要考核，有些非专业人员，对黏土类产品稍加处理就变成了饲用脱霉剂，只考虑产品纯度，没有考虑对动物本身有无不利影响。

综合国内脱霉剂产品市场现状，依据调研国内外评价及管理办法，建议加大监管力度，制定科学的审批程序，建立中国自己的评价实验室，经过严格实验验证后审批。权威实验室评价要严格按照体外、体内、后续跟踪检验的三步走程序，上一个环节不通过，禁止进行下一步；同时，每一个步骤结果要通过专门的专家委员会审核。要有效地、科学合理地审批每一个上市和即将上市的脱霉剂产品。

附件 1 调查企业名单

序号	企业名称
1	百奥明饲料添加剂（上海）有限公司
2	硕腾（苏州）动物保健品有限公司
3	默沙东动物保健
4	泰高营养科技（北京）有限公司
5	上海牧冠企业发展有限公司
6	奥格生物技术（上海）有限公司
7	北京富仕特农业发展有限公司
8	欧米斯（北京）贸易有限公司
9	北京奥特奇生物制品有限公司
10	江西迈吉生化营养有限公司
11	浙江丰虹新材料股份有限公司
12	内蒙古润隆化工有限责任公司
13	内蒙古宁城县天源蒙脱石开发有限公司
14	攀枝花兴加环保技术有限公司
15	浙江三鼎科技有限公司
16	赤峰和正美化工有限公司
17	浙江东成药业有限公司
18	广东江门生物技术开发中心有限公司
19	上海杰康诺生物科技有限公司
20	安琪福邦
21	北京爱地科技有限公司
22	河南帝一方生物制药有限公司
23	巴西 ICC
24	诺伟司国际公司

附件 2 学术交流

讨论会：2 次

会议一（北京 2014 年）：

饲料霉菌毒素脱霉剂产品有效性评价规程及建立准入制度研讨会。

　　霉菌毒素脱霉剂产品的一线知名企业代表 40 余人参加了研讨会。企业代表们积极发言，交流他们在脱霉剂评价工作中的体内试验和体外试验的经验和问题，并与参会专家互动。与会人员了解并初步掌握霉菌毒素脱霉剂评价方面的相关情况，及以后工作中应注意的问题。让项目组也初步了解，目前国内霉菌毒素脱霉产品检测的基本情况。

　　会议二（青岛 2015 年）：

　　饲料霉菌毒素脱霉剂产品有效性评价规程研究进展。

　　霉菌毒素脱霉剂产品相关企业代表 30 余人参加了研讨会。代表们交流企业在脱霉剂评价工作中的体内试验和体外试验的经验和问题，与会人员了解并初步掌握霉菌毒素脱霉剂评价方面的相关情况。项目组负责人详细介绍脱霉剂评价方法研究进展以及针对国内脱霉剂市场上的产品抽检结果报告。

　　学术报告：2 次

　　（1）加拿大农业部食品中心的李秀珍博士的报告。

　　题目：利用微生物降解霉菌毒素 DON 的研究进展

　　李博士的报告，对目前呕吐毒素生物降解研究进展做一概述，详细介绍了她在这个方面所做的工作以及取得的成果，让我们在毒素污染防控方面的研究很受启发。尤其在谈到制备高含量呕吐毒素样品的时候，给我们提供了很好的参考方法。

　　另外，我们的实验中也发现，脱霉剂对呕吐毒素的吸附效果很差，基本没什么吸附能力。所以生物降解呕吐毒素也是解决目前呕吐毒素污染的一个途径。

　　（2）百奥明公司研发总监 Dr. Gerd Schatzmayr 的报告。

　　题目：霉菌毒素脱霉剂及脱毒剂的评测方法研究进展

　　Dr. Gerd Schatzmayr 的报告就霉菌毒素脱霉剂产品在欧盟立法历程进行介绍；并结合百奥明公司研发工作，介绍黏土类脱霉剂和生物转化脱毒类产品的测评方法。Dr. Gerd Schatzmayr 与参会人员相互交流霉菌毒素脱霉剂评测方面的相关情况及研究中应注意的问题，也为项目研究提供很多有参考价值的思路。

附录 2　59 款饲料脱霉剂产品中铅、砷、镉、铬检测结果

序号	样品名称	铅 （mg/kg）	砷 （mg/kg）	镉 （mg/kg）	铬 （mg/kg）
1	饲料用蒙脱石	8.86	0.32	1.06	0.79
2	饲料用蒙脱石	34.43	1.57	0.05	2.14
3	饲料用蒙脱石	45.42	0.62	0.16	0.70
4	饲料用蒙脱石	38.23	1.34	0.25	2.75
5	饲料用蒙脱石	1.99	1.07	0.01	1.72
6	饲料用蒙脱石	7.66	0.50	0.01	0.78
7	饲料用蒙脱石	33.72	0.53	0.07	0.62
8	饲料用蒙脱石	34.75	0.84	0.04	4.76
9	饲料用蒙脱石	50.88	1.33	0.13	1.23
10	饲料用蒙脱石	6.12	0.70	0.09	2.17
11	蒙脱石	33.83	1.12	0.07	2.16
12	蒙脱石	55.53	1.23	0.14	1.43
13	饲料用蒙脱石	33.05	1.06	0.23	0.98
14	饲料用蒙脱石	8.46	0.95	0.13	1.41
15	饲料用高纯蒙脱石	30.41	1.19	0.22	1.79
16	饲料用蒙脱石	43.68	1.11	0.44	0.96
17	安德舒蒙脱石	50.16	0.86	0.24	0.25
18	饲料用蒙脱石	17.00	0.26	0.13	—
19	饲料用蒙脱石	21.60	1.25	0.11	—
20	沸石粉	16.58	2.85	0.07	3.50
21	饲料用沸石粉	16.57	0.24	0.01	3.78
22	饲料用沸石粉	—	0.11	0.12	5.58

（续表）

序号	样品名称	铅（mg/kg）	砷（mg/kg）	镉（mg/kg）	铬（mg/kg）
23	饲料用沸石粉	24.40	1.96	0.28	—
24	饲料用沸石粉	21.23	0.34	0.15	5.39
25	饲料用沸石粉	12.01	0.17	0.08	2.80
26	饲料用沸石粉	26.97	0.66	0.32	1.02
27	饲料用麦饭石	11.78	2.04	0.03	43.86
28	饲料用麦饭石	—	0.76	0.01	96.88
29	饲料用麦饭石	—	0.31	0.01	12.44
30	饲料用麦饭石	4.90	0.99	0.26	100.60
31	饲料用麦饭石	10.44	0.98	0.30	8.03
32	饲料用麦饭石	13.60	2.46	0.33	25.18
33	饲料用麦饭石	15.83	3.03	0.31	50.72
34	饲料用麦饭石	2.16	0.53	0.31	11.30
35	膨润土	18.54	3.48	0.03	31.76
36	膨润土	7.23	4.53	0.04	32.87
37	膨润土	—	0.67	—	2.45
38	膨润土	12.15	3.27	0.07	37.70
39	膨润土	28.64	12.84	0.28	44.03
40	膨润土	29.64	16.67	0.32	46.52
41	膨润土	18.57	2.32	0.17	21.48
42	膨润土	23.64	10.56	0.24	29.76
43	膨润土	3.59	2.70	0.33	1.64
44	膨润土	21.00	3.00	—	—
45	酵母细胞壁	1.24	0.38	0.19	—
46	酵母细胞壁	—	0.17	0.09	2.62
47	进口细胞壁	0.13	1.34	—	1.11
48	上海酵母多糖	0.05	0.06	0.15	3.66
49	酵母多糖	—	0.20	0.25	8.73
50	DM	25.53	1.42	0.65	—
51	ODL2	1.77	2.77	0.66	44.77

（续表）

序号	样品名称	铅 （mg/kg）	砷 （mg/kg）	镉 （mg/kg）	铬 （mg/kg）
52	欧洲 1	1.21	0.58	0.05	0.47
53	欧洲 2	13.47	4.26	0.41	3.86
54	美国产品	6.73	1.71	0.24	102.76
55	巴西 XFJ	4.11	0.98	0.07	1.46
56	西班牙 XFJ	8.91	3.10	0.07	0.88
57	化 1	0.83	0.22	0.07	2.99
58	化 2	6.84	0.26	0.20	0.69
59	新 PS	0.96	0.24	0.15	7.18

附录3 缓冲溶液体系同体外模拟和动物试验比较

选取饲用蒙脱石原料4种、酵母细胞壁原料4种及4种市售产品进行比较，结果如附表3-1、附表3-2、附图3-1、附图3-2、附图3-3和附图3-4所示。

附表3-1 模拟人工胃液消化液与pH值3.0缓冲溶液体系结果比较

序号	样品名称	AFB_1		DON		ZEA	
		人工胃液消化液	pH值3.0	人工胃液消化液	pH值3.0	人工胃液消化液	pH值3.0
1	饲用蒙脱石1	80.01%	96.31%	13.79%	12.01%	22.23%	17.79%
2	饲用蒙脱石2	90.54%	98.78%	8.11%	6.71%	21.27%	40.63%
3	饲用蒙脱石3	93.46%	97.62%	14.65%	10.92%	23.88%	36.90%
4	饲用蒙脱石4	93.01%	99.95%	14.71%	3.91%	22.07%	33.69%
5	酵母细胞壁1	16.65%	14.42%	6.68%	3.44%	38.96%	33.11%
6	酵母细胞壁2	14.82%	26.49%	15.66%	1.00%	30.26%	67.55%
7	酵母细胞壁3	7.42%	17.50%	8.25%	14.02%	18.56%	48.06%
8	酵母细胞壁4	14.03%	7.55%	11.20%	18.34%	24.00%	54.93%
9	产品1	89.86%	99.60%	6.11%	0.01%	22.82%	32.65%
10	产品2	94.72%	99.63%	9.79%	0.25%	19.95%	9.14%
11	产品3	95.88%	99.46%	9.42%	0.56%	13.06%	17.50%
12	产品4	90.02%	99.65%	4.15%	0.54%	28.13%	29.56%

附表3-2 模拟人工小肠消化液与pH值6.5缓冲溶液体系结果比较

序号	样品名称	AFB_1		DON		ZEA	
		人工小肠液消化液	pH值6.5	人工小肠液消化液	pH值6.5	人工小肠液消化液	pH值6.5
1	饲用蒙脱石1	76.15%	50.90%	19.94%	0.04%	17.58%	62.20%
2	饲用蒙脱石2	91.77%	64.02%	22.67%	2.07%	8.67%	38.65%

（续表）

序号	样品名称	AFB$_1$		DON		ZEA	
		人工小肠液消化液	pH 值 6.5	人工小肠液消化液	pH 值 6.5	人工小肠液消化液	pH 值 6.5
3	饲用蒙脱石3	92.96%	87.53%	17.44%	0.08%	-1.45%	63.24%
4	饲用蒙脱石4	90.66%	75.83%	17.29%	0.00%	21.59%	30.51%
5	酵母细胞壁1	8.65%	16.40%	23.49%	13.81%	27.15%	44.42%
6	酵母细胞壁2	12.17%	20.88%	3.83%	0.00%	33.55%	54.07%
7	酵母细胞壁3	13.42%	18.51%	9.73%	11.85%	28.50%	52.57%
8	酵母细胞壁4	9.31%	8.00%	3.80%	2.53%	34.76%	37.08%
9	产品1	95.36%	96.18%	10.12%	0.00%	31.04%	39.02%
10	产品2	95.01%	94.97%	5.49%	3.20%	27.76%	33.54%
11	产品3	97.06%	96.93%	7.33%	1.03%	13.96%	38.49%
12	产品4	94.04%	98.59%	12.29%	0.00%	9.65%	63.70%

　　缓冲溶液评价和体外模拟的结果（附表3-1，附表3-2）比较来看，不同体系对黄曲霉毒素吸附能力比较图来看，两种评价方法的4个不同体系中样品对黄曲霉毒素吸附率，在模拟胃肠消化液和缓冲溶液体系中的趋势基本一致，见附图3-1和附图3-2。饲用蒙脱石在人工胃液消化液和pH值3.0缓冲溶液体系中，对呕吐毒素吸附趋势一致；酵母细胞壁在人工小肠消化液和pH值6.5缓冲溶液体系中，对呕吐毒素吸附趋势一致（附图3-3）。市售产品在人工胃液消化液体系和pH值3.0缓冲溶液体系中，吸附玉米赤霉烯酮的趋势一致（附图3-4）。

　　总体情况看，无论是缓冲溶液体系还是模拟人工胃肠液体系，蒙脱石类产品对AFB$_1$吸附效果良好，吸附率接近80%或以上；酵母细胞壁类产品对AFB$_1$吸附有一定效果，较蒙脱石类产品差。各种脱霉剂对ZEA的吸附率较低，酵母细胞壁类产品对ZEA吸附率优于蒙脱石类产品，并且比较稳定，说明酵母细胞壁类产品对ZEA具有一定的吸附作用。各种脱霉剂对DON的吸附率普遍很低，大部分脱霉剂的吸附无效。

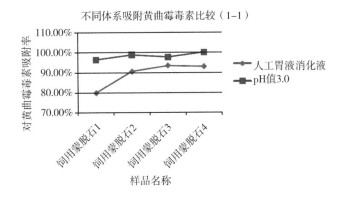

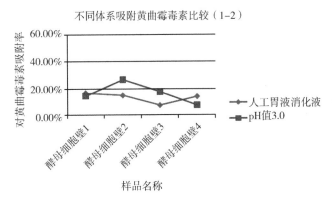

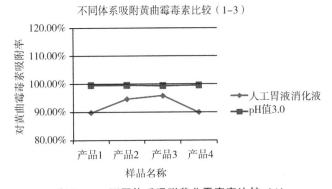

附图 3-1　不同体系吸附黄曲霉毒素比较（1）

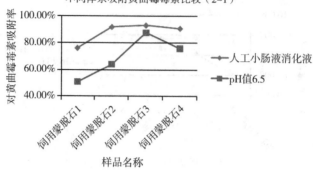

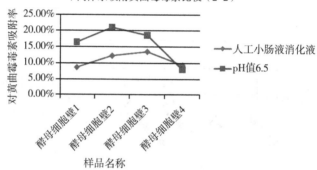

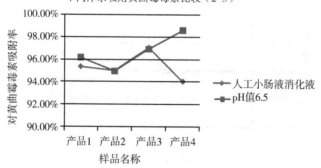

附图3-2 不同体系吸附黄曲霉毒素比较（2）

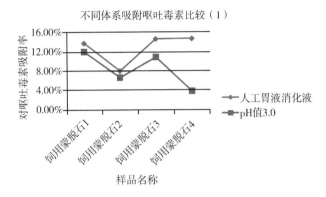

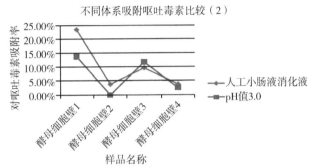

附图 3-3　不同体系吸附呕吐毒素比较

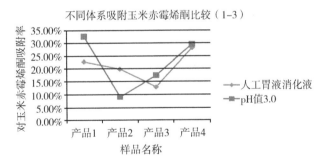

附图 3-4　不同体系吸附玉米赤霉烯酮比较

主要参考文献

安亚南，王丹阳，丁立人，等，2015. 猪胃肠道食糜中黄曲霉毒素 B_1 和玉米赤霉烯酮检测方法的改进及其在霉菌毒素吸附剂吸附效果评价中的应用 [J]. 动物营养学报，27（6）：1823-1831.

车玉媛，曹有才，2014. 一起奶牛霉菌毒素慢性中毒的诊断和治疗 [J]. 养殖技术顾问（4）：207.

程波财，史文婷，罗洁，等，2010. 玉米赤霉烯酮降解酶基因（$ZEA-jjm$）的克隆，表达及活性分析 [J]. 农业生物技术学报，18（2）：225-230.

付冠华，2018. 地衣芽孢杆菌 CK1 缓解饲料中玉米赤霉烯酮对藏猪的毒性及其脱毒机制的研究 [D]. 咸阳：西北农林科技大学.

龚阿琼，吴晓峰，陈法科，等，2019. 2017—2018 年原料及饲料中霉菌毒素变化趋势 [J]. 中国饲料（7）：89-93.

计成，2014. 饲料中玉米赤霉烯酮的生物降解 [J]. 动物营养学报，26（10）：2949-2955.

姜淑贞，2010. 玉米赤霉烯酮对断奶仔猪的毒性初探及改性蒙脱石的脱毒效应研究 [D]. 泰安：山东农业大学.

李可，丘汾，杨梅，等，2013. 深圳粮油食品中 4 种黄曲霉毒素联合污染状况 [J]. 卫生研究（4）：83-87.

李顺意，于秋香，向腊，等，2018. 真菌毒素玉米赤霉烯酮生物降解的研究进展 [J]. 生物工程学报，34（4）：489-500.

彭运智，2010. 日粮玉米赤霉烯酮和大豆异黄酮对小母猪联合作用研究 [D]. 武汉：华中农业大学.

戎晓平，赵丽红，计成，等，2015. 我国部分地区饲料原料及配合饲料玉米赤霉烯酮污染情况调研 [J]. 中国畜牧杂志，51（22）：20-24.

齐琪，2012. 黄曲霉毒素 B_1 对荷斯坦奶牛乳中黄曲霉素 M_1 含量、生产性能及血液生化指标的影响 [D]. 泰安：山东农业大学.

谭强来，徐锋，黎鹏，等，2010. 玉米赤霉烯酮降解酶毕赤酵母表达载体的构建及其表达. 中国微生态学杂志，22（12）：1061-1064.

王安福，1996. 急性黄曲霉毒素 B 中毒引起奶牛猝死 [J]. 动物医学进展（1）：21-22.

王金全，丁建莉，娜仁花，等，2013. 比较几种吸附剂对 3 种霉菌毒素体外吸附脱毒效果的研究 [J]. 养猪（1）：9-10.

王青，周丹朝，赵煜，等，2014. 玉米赤霉烯酮的生殖毒性研究进展 [J]. 畜牧兽医杂志，33（4）：32-35.

王瑞国，苏晓鸥，王培龙，等，2017. 液相色谱-串联质谱法同时测定动物血浆中 21 种霉菌毒素或其代谢物残留 [J]. 分析化学，45（2）：231-237.

王轶凡，孙秀兰，张银志，等，2018. 臭氧降解玉米赤霉烯酮及其降解产物细胞毒性 [J]. 食品与生物技术学报，37（4）：39-44.

徐剑宏，祭芳，王宏杰，等，2010. 脱氧雪腐镰刀菌烯醇降解菌的分离和鉴定 [J]. 中国农业科学，43（22）：4635-4641.

徐子伟，万晶，2019. 饲料霉菌毒素吸附剂研究进展 [J]. 动物营养学报，31（12）：5391-5398.

计成，2010. 饲料中霉菌毒素生物降解的研究进展 [J]. 中国农业科学（1）：159-164.

姚宝强，2009. 玉米赤霉烯酮和吸附剂对断奶仔猪生殖发育、血液生化指标和组织形态学的影响 [D]. 泰安：山东农业大学.

赵虎，杨在宾，杨维仁，等，2008. 玉米赤霉烯酮对仔猪生产性能和内脏器官发育影响的研究 [J]. 粮食与饲料工业（10）：37-38.

Adebo O A，Kayitesi E，Njobeh P B，2019. Reduction of mycotoxins during fermentation of whole grain sorghum to whole grain ting（a southern african Food）[J]. Toxins，11（3），52-65.

Strosnider H，Azziz-Baumgartner E，Banziger M，2006. Workgroup report：Public health strategies for reducing aflatoxin exposure in developing countries [J]. Environmental Health Perspectives，114（12）：1898-1903.

Benedetti R，Nazzi F，Locci R，et al.，2006. Degradation of fumonisin B_1 by a bacterial strain isolated from soil [J]. Biodegradation，17（1）：31-38.

Britzi M，Friedman S，Miron J，et al.，2013. Carry-over of aflatoxin B_1 to aflatoxin M_1 in high yielding israeli cows in mid- and late-lactation [J]. Toxins, 5 (1): 173-183.

Creppy E E, 2002. Update of survey, regulation and toxic effects of mycotoxins in Europe [J]. Toxicology Letters, 127 (1): 19-28.

Desjardins A E, Proctor R H, 2007. Molecular biology of Fusarium mycotoxins [J]. International Journal of Food Microbiology, 119 (1): 47-50.

Diekman M A, Long G G, 1989. Blastocyst development on days 10 or 14 after consumption of zearalenone by sows on days 7 to 10 after breeding [J]. American Journal of Veterinary Research, 50 (8): 1224-1227.

Driehuis F, Spanjer M C, Scholten J M, et al., 2008. Occurrence of mycotoxins in feedstuffs of dairy cows and estimation of total dietary intakes [J]. Journal of Dairy Science, 91 (11): 4261-4271.

Firmin S, Morgavi D P, Yiannikouris A, et al., 2011. Effectiveness of modified yeast cell wall extracts to reduce aflatoxin B_1 absorption in dairy ewes [J]. Journal of Dairy Science, 94: 5611-5619.

Fuchs E, Binder E M, Heidler D, et al., 2002. Structural characterization of metabolites after the microbial degradation of type A trichothecenes by the bacterial strain BBSH 797 [J]. Food Additives and Contaminants, 19 (4): 379-386.

Wang G, Yu M Z, Dong F, et al., 2017. Esterase activity inspired selection and characterization of zearalenone degrading bacteria Bacillus pumilus ES-21 [J]. Food Control, 77: 57-64.

Gajecka M, 2013. The effects of experimental administration of low doses of zearalenone on the histology of ovaries in pre-pubertal bitches [J]. Polish Journal of Veterinary Sciences, 16 (2): 313-322.

Ghareeb K, Awad W A, Böhm J, et al., 2015. Impacts of the feed contaminant deoxynivalenol on the intestine of monogastric animals: poultry and swine [J]. Journal of Applied Toxicology, 35 (4): 327-337.

Guan S, He J W, Young J C, et al., 2009. Transformation of trichothecene mycotoxins by microorganisms from fish digesta [J]. Aquaculture, 290 (3-4): 290-295.

Guo Y P, Zhang Y, Wei C, et al., 2019. Efficacy of bacillus subtilis

ANSB060 biodegradation product for the reduction of the milk aflatoxin M_1 content of dairy cows exposed to aflatoxin B_1 [J]. Toxins, 11 (3): 161.

Guthrie L D, Bedell D M, 1979. Effects of aflatoxin in corn on production and reproduction in dairy cattle [J]. Proceedings Annual Meeting of the United States Animal Health Association, 83 (83): 202-204.

He J W, Hassan Y I, Perilla N, et al., 2016. Bacterial epimerization as a route for deoxynivalenol detoxification: the influence of growth and environmental conditions [J]. Frontiers in Microbiology, 7: 572.

Heinl S, Hartinger D, Thamhesl M, et al., 2010. Degradation of fumonisin B_1 by the consecutive action of two bacterial enzymes [J]. Journal of Biotechnology, 145 (2): 120-129.

Jiang S Z, Yang Z B, Yang W R, et al., 2012. Effect of purified zearalenone with or without modified montmorillonite on nutrient availability, genital organs and serum hormones in post-weaning piglet [J]. Livestock Science, 144 (1-2): 110-118.

Jiang Y H, Yang H J, Lund P, 2012. Effect of aflatoxin B_1 on in vitro ruminal fermentation of rations high in alfalfa hay or ryegrass hay [J]. Animal Feed Science and Technology, 175: 85-89.

Kakeya H, Takahashi-Ando N, Kimura M, et al., 2002. Biotransformation of the mycotoxin, zearalenone, to a non-estrogenic compound by a fungal strain of *clonostachys* sp [J]. Bioscience Biotechnology and Biochemistry, 66 (12): 2723-2726.

Khatibi P A, Montanti J, Nghiem N P, et al., 2011. Conversion of deoxynivalenol to 3-acetyldeoxynivalenol in barley-derived fuel ethanol co-products with yeast expressing trichothecene 3-O-acetyltransferases [J]. Biotechnology for Biofuels, 4: 26.

Lei Y P, Zhao L H, Ma Q G, et al., 2014. Degradation of zearalenone in swine feed and feed ingredients by Bacillus subtilis ANSB01G [J]. World Mycotoxin Journal, 7 (2): 143-151.

Maki C R, Thomas A D, Elmore S E, et al., 2016. Effects of calcium montmorillonite clay and aflatoxin exposure on dry matter intake, milk production, and milk composition [J]. Journal of Dairy Science, 99 (2):

1039-1046.

Masoero F, Gallo A, Moschini M, et al. , 2007. Carryover of aflatoxin from feed to milk in dairy cows with low or high somatic cell counts [J]. Animal, 1 (9): 1344-1350.

Milano G D, Lopez T A, 1991. Influence of temperature on zearalenone production by regional strains of Fusarium graminearum and Fusarium oxysporum in culture [J]. International Journal of Food Microbiology, 13 (4): 329-333.

Malekinejad H, Maas-Bakker R, Fink-Gremmels J, 2006. Species differences in the hepatic biotransformation of zearalenone [J]. Veterinary Journal, 172 (1): 96-102.

Morgavi D P, Riley R T, 2007. An historical overview of field disease outbreaks known or suspected to be caused by consumption of feeds contaminated with fusarium toxins [J]. Animal Feed Science and Technology, 137 (3-4): 201-212.

Ogunade I M, Arriola K G, Jiang Y, et al. , 2016. Effects of 3 sequestering agents on milk aflatoxin M_1 concentration and the performance and immune status of dairy cows fed diets artificially contaminated with aflatoxin B_1 [J]. Journal of Dairy Science, 99 (8): 6263-6273.

Pestka J J, 2007. Deoxynivalenol: Toxicity, mechanisms, and animal health risks [J]. Animal Feed Science and Technology, 137 (3-4): 295-298.

Phillips T D, Kubena L F, Harvey R B, et al. , 1988. Hydrated sodium calcium aluminosilicate: a high affinity sorbent for aflatoxin [J]. Poultry Science, 67 (2): 243-247.

Powell-Jones W, Raeford S, Lucier G W, 1981. Binding properties of zearalenone m ycotoxins to he-patic estrogen receptors [J]. Molecular Pharm acology, 20 (1): 35-42.

Pulina G, Battacone G, Brambilla G, et al. , 2014. An update on the safety of foods of animal origin and feeds [J]. Italian Journal of Animal Science, 13 (4): 845-856.

Queiroz O C M, Han J H, Staples C R, et al. , 2012. Effect of adding a mycotoxin-sequestering agent on milk aflatoxin M_1 concentration and the performance and immune response of dairy cattle fed an aflatoxin B_1 contaminated diet [J]. Journal of Dairy Science, 95 (10): 5901-5908.

Rodrigues I, Naehrer K, 2012. A three-year survey on the worldwide occurrence of mycotoxins in feedstuffs and feed [J]. Toxins, 4 (9): 663-675.

Songsermsakul P, Böhm J, Aurich C, et al., 2013. The levels of zearalenone and its metabolites in plasma, urine and faeces of horses fed with naturally, fusarium toxin-contaminated oats [J]. Journal of Animal Physiology and Animal Nutrition, 97 (1): 155-161.

Stanciu O, Juan C, Miere D, et al., 2017. Occurrence and co-occurrence of Fusarium mycotoxins in wheat grains and wheat flour from Romania [J]. Food Control, 73: 147-155.

Streit E, Schatzmayr G, Tassis P, et al., 2012. Current situation of mycotoxin contamination and co-occurrence in animal feed-focus on Europe [J]. Toxins, 4 (10): 788-809.

Stob M, Baldwin R S, Tuite J, et al., 1962. Isolation of an anabolic, uterotrophic compound from corn infected with Gibberella zeae [J]. Nature, 196: 1318.

Stoev S D, 2015. Foodborne mycotoxicoses, risk assessment and underestimated hazard of masked mycotoxins and joint mycotoxin effects or interaction [J]. Environmental Toxicology and Pharmacology, 39 (2): 794-809.

Sugiyama K, Hiraoka H, Sugita - Konishi Y, 2008. Aflatoxin M_1 contamination in raw bulk milk and the presence of aflatoxin B_1 in corn supplied to dairy cattle in Japan [J]. Shokuhinseigaku Zasshi Journal of the Food Hygienic Society of Japan, 49 (5): 352-355.

Sun X L, He X X, Xue K S, et al., 2014. Biological detoxification of zearalenone by Aspergillus niger strain FS10 [J]. Food and Chemical Toxicology, 72: 76-82.

Takahashi - Ando N, Ohsato S, Shibata T, et al., 2004. Metabolism of zearalenone by genetically modified organisms expressing the detoxification gene from clonostachys rosea [J]. Applied and Environmental Microbiology, 70 (6): 3239-3245.

Vekiru E, Hametner C, Mitterbauer R, et al., 2010. Cleavage of zearalenone by trichosporon mycotoxinivorans to a novel nonestrogenic metabolite [J]. Applied and Environmental Microbiology, 76 (7): 2353-2359.

Vidal A, Mengelers M, Yang S P, et al., 2018. Mycotoxin biomarkers of exposure: a comprehensive review [J]. Comprehensive Reviews in Food Science and Food Safety, 7: 1127-1155.

Xiong J L, Wang Y M, Nennich T D, et al., 2015. Transfer of dietary aflatoxin B_1 to milk aflatoxin M_1 and effect of inclusion of adsorbent in the diet of dairy cows [J]. Journal of Dairy Science, 98 (4): 2545-2554.

Yi P J, Pai C K, Liu J R, 2011. Isolation and characterization of a bacillus licheniformis strain capable of degrading zearalenone [J]. World Journal of Microbiology and Biotechnology, 27 (5): 1035-1043.

Yu H, Zhou T, Gong J H, et al., 2010. Isolation of deoxynivalenol-transforming bacteria from the chicken intestines using the approach of PCR-DGGE guided microbial selection [J]. BMC Microbiology, 10 (1): 182.

Yu Y S, Qiu L P, Wu H, et al., 2011. Degradation of zearalenone by the extracellular extracts of *Acinetobacter* sp. SM04 liquid cultures [J]. Biodegradation, 22 (3): 613-622.

Yu Y S, Wu H, Tang Y Q, et al., 2012. Cloning, expression of a peroxiredoxin gene from *Acinetobacter* sp. SM04 and characterization of its recombinant protein for zearalenone detoxification [J]. Microbiological Research, 167 (3): 121-126.

Zhao L H, Lei Y P, Bao Y H, et al., 2015. Ameliorative effects of bacillus subtilis ANSB01G on zearalenone toxicosis in pre-pubertal female gilts [J]. Food Additives and Contaminants Part A, 32 (4): 617-625.

Zhao LH, Lei Y P, Bao Y H, et al., 2015. Ameliorative effects of bacillus subtilis ANSB01G on zearalenone toxicosis in pre-pubertal female gilts [J]. Food Additives and Contaminants Part A Chemistry Analysis Control Exposure and Risk Assessment, 32 (4): 617-625.

Zinedine A, Juan C, Idrissi L, et al., 2007. Occurrence of ochratoxin A in bread consumed in Morocco [J]. Microchemical Journal, 87 (2): 154-158.

Zinedine A, Soriano J M, Moltó J C, et al. , 2007. Review on the toxicity, occurrence, metabolism, detoxification, regulations, and intake of zearalenone: an oestrogenic mycotoxin [J]. Food and Chemical Toxicology, 45 (1): 1-18.